重口味
心理学
3

Hardcore
Psychology

重口味心理学 ③

HARDCORE PSYCHOLOGY

YOU ARE ONE STEP AWAY FROM BEING A PSYCHO

姚尧
作·品

中国出版集团
现代出版社

图书在版编目（CIP）数据

重口味心理学.3 / 姚尧著. — 北京：现代出版社，2015.6
ISBN 978-7-5143-3643-6

Ⅰ. ①重… Ⅱ. ①姚… Ⅲ. ①心理学—通俗读物
Ⅳ. ①B84-49

中国版本图书馆CIP数据核字（2015）第091514号

重口味心理学3

作　　者：姚　尧
责任编辑：周显亮
策划编辑：范冰原
营销编辑：张　璐
特约监制：毛闽峰　李　娜
封面绘图：王云飞　李甜甜
版式设计：李　洁　崔振江
装帧设计：八牛·设计 baniu_zhu@163.com 8NEW DESIGN STUDIO
出版发行：现代出版社
通讯地址：北京市安定门外安华里504号
邮政编码：100011
电　　话：010-64267325　64245264（传真）
网　　址：www.1980xd.com
电子邮箱：xiandai@vip.sina.com
印　　刷：北京天宇万达印刷有限公司
开　　本：710mm×1000mm　1/16
印　　张：20.5
版　　次：2015年6月第1版　2015年6月第1次印刷
书　　号：ISBN 978-7-5143-3643-6
定　　价：39.80元

想对读者说的话：

一开始，写《重口味心理学》系列的初衷，只是单纯地想跟大家分享有趣、刺激、过瘾的心理学知识，外加为很多人心中误以为的“心理学”做一下“拨乱反正”！

这之后，收到了不少读者给我的留言：

“我跟女儿一起看了你的书，对里面提到的《箱庭疗法》非常感兴趣，这个周末还专门找到有箱庭室的学校一起摆了一次沙盘，对亲子关系很有启发和帮助！谢谢！”

“很喜欢你的书，也是因为这本书，才让我对心理学产生了很大的兴趣，现在到处搜罗类似的书，想报考心理专业的研究生，以后还想从事心理方面的工作！”

“谢谢你，以前我活得很痛苦，现在我知道该怎么做了，由衷地感谢你！”

我只能说，这些真的是我写书最大的收获！

如今，《重口味心理学3》已经出版。尽管，现在的我还会时不时地被抑郁困扰，但是整个写作过程却始终伴随着幸福！因为相较于读者的感谢，我更应该感恩读者，让我在写书的过程中释放了自己。

在这里，再次希望《重口味心理学3》能帮助到你们，哪怕分毫，就像它曾经帮助到我一样！

目 录
CONTENTS

在心理治疗中，运用梦来治疗是一种非常高级的治疗手段：

而梦里出现“排泄”的场景，实际上是情绪能量的释放，排泄物代表了心理的“垃圾”！

找厕所象征着需要找到自己的安全空间——一个可以表达自我和自身真实需要的地方。如果因为周围有人而不能小便，或者找不到厕所，则说明做梦的人在现实生活中很难找到合适的定位，总是处于一种被动和容易受伤的处境中，感到无处倾诉，且不被尊重。

梦见周围有粪便，或是跌倒粪坑里，表示做梦的人可能正被负面情绪淹没，如恐惧、愤怒或仇恨，潜意识要求释放这些不想要的情绪负能量。

CONTENTS

目 录
CONTENTS

CONTENTS

第四篇 上帝的黑名单（上） 145

/罪恶三关/

为啥有那么多的人对体育节目上瘾？尤其是一些对抗性的运动，比如球赛，简直到了如痴如醉的地步。

以弗洛伊德为首的精神分析派认为：在人体内有一种带有攻击倾向的愤怒能量，这种能量像其他本能一样与生俱来，且愈积愈多，必须在这个能量达到危险水平之前就将其排解和释放掉。这就是著名的“心理液压模型”，因为这种观点与容器内积累压力相似——如果容器（人的心理）内在压力积累过大，就可能发生爆炸！

目 录
CONTENTS

普通犯罪人从来不杀他们所爱的人，除非是出于某一特殊理由；而精神病犯罪人首先仇恨自己，其次是他最亲近的亲属和朋友，再其次是周围的人、国家和一切人。

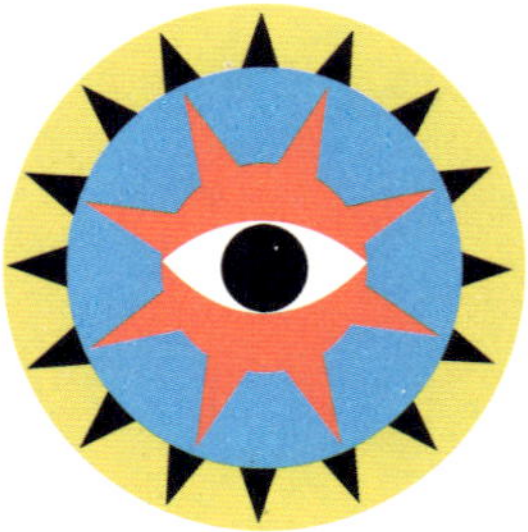

CONTENTS

第六篇 恶魔的作品 239

／犯罪心理画像／

跟“物理身份”认证不同的是，“心理身份”的认定中掺杂了太多干扰因素！

比如说受害者是一个三岁的小男孩，死状很惨，如果调查人员也有一个一样大的儿子，可想而知他看到现场后内心的感受。这种内心的冲击会不会影响他的判断？很难说。

以上这些干扰，就造成了我们会不自觉地美化或者丑化受害者，并对他们进行道德审判。

目 录
CONTENTS

有一种心理学的说法是：男性为什么会有“优越感”呢？根本原因是他们的“自卑感”！

男性无法怀胎和哺育孩子，才使得许多男人心里觉得不踏实。这种“无能感”使他们深受其苦，至少在潜意识中是的。这种痛苦可以称作是“子宫嫉妒”和“乳房嫉妒”。因此，在声称女人“头发长，见识短”，她们天生就有缺陷的同时，许多男人实际上怀有这么一种恐惧：在某些方面，女人天生是比男人强的！

第一篇

“深渊在凝视着你……”

/心理治疗那些事儿/

Hardcore
Psychology

心理医生在做心理治疗的时候，用到的仪器只有自己的“心灵”。患者告诉心理医生以前决不分享的秘密——虐待、创伤、磨难、成瘾、冲动、性变态、愤怒，并且，期待被保守秘密。人们吐露他们最糟糕的本能、幻想、幻觉、错觉和强迫，而且要心理医生全盘接受它们，所以当心理医生去“心碰心”的时候，难免会受其影响，触发自己的心理“雷区”。比如，一位拥有15年私人从业经历的心理学家，他的一位患者上吊自杀了。这位心理医生因为患者的死亡一蹶不振，感到羞耻和愧疚，尽管他曾经做了大量努力，来帮助那位患有严重抑郁并且长期想要自杀的患者。之后两年里，他忍受着诉讼的折磨，终于，在一个下雨的夜晚，他独自一人在家中饮弹自尽。

Hardcore
Psychology

我们都知道一件事，肉体病了要看身体医生。可是“灵魂”病了怎么办？答案是，要看心理医生。

但是对于很多人来说，身体医生常看，而心理医生不常看，所以心理医生既陌生又神秘：他们是怎样治疗“蛇精病”的？

用到什么套路和招数？

他们与普通医生的区别在哪里？

心理医生是不是在忽悠人？

心理治疗有危险吗？

这篇文章就是来解答这些问题的。

这里先问大家一个问题，你知道心理治疗的最高境界是什么吗？

答案可能会让你大跌眼镜：自愈！

这在肉体治疗上可是从来没听说过，没有说让病重的人就待在原地一动不动的：“再忍一忍哈，过会儿自己就好了！”都怕讳疾忌医，耽误病情。

为什么在心理医生那儿可以这么说？因为人生来就有一种本能——自我实现！这是一种成长的欲望，它促使着个体往更高更强的方向发展。也就是说，有些事情，人们不需要额外施力，受自我实现本能的推动，便会自然而然地完成。

那还要心理医生做什么？

心理医生的作用，就是移除我们“自我实现”道路上的障碍！

清除了这些障碍，人自然就会发展成一个成熟的个体，就像一株树苗成长为一棵大树！

就像下面的例子：

这是一位已经“伤心至死”的年轻女人。

她的丈夫去世了，她觉得自己永远不会再爱了，所以患上了“爱无能”。心理医生很快发现，阻碍她去爱的不是她对丈夫的“忠贞”，而是她对爱情的错误看法：爱上另一个人就是背叛了死去的丈夫，意味着她以前对亡夫的爱掺了水分，不纯粹！

心理医生努力了几个月，跟她一起清除了这些障碍。很快，她自我实现的本能就开始起作用了——她遇到另一个男人，爱上了他，然后结婚了。

自始至终，心理医生都没有教她如何去寻找、去给予、去珍惜、去爱，因为这是她自己会做的事。

说到这儿，本文也开始进入了正题：心理医生是如何清除病人自我发展道路上的障碍的？

首先，他们需要搞定下面这两位——

Part 1 >>>
心理治疗中的“两大门神”！

“把爱全给了你，把世界给了你”——移情

作为心理治疗的两大“门神”之一，“移情”的问题能否处理好，一直以来对心理医生都是一个有挑战和技术含量的问题。

那么，什么是移情？

移情，顾名思义，就是转移感情。是移情别恋吗？当然不是！

人从懂事开始，遇到一件事或者认识一个人的时候，都不是从零开始对它（他、她）认知的。我们有过往的经历，有记忆，这是我们认识新事物的基础，然后在此基础之上，我们对新事物进行“编码”，形成印象。

举个例子，买东西的时候，你会有这种体会，不同的销售跟你打交道的效果是不一样的。有的销售会让你有种“与君初相识，犹如故人归”的感觉，有的销售给你感觉中规中矩，而有的则……

为什么会出现这种状况？排除了销售人员的销售技巧和态度等因素，

不可否认的是，有一种东西左右了你对他的印象，那就是“眼缘”！为什么看他就是顺眼，交流起来很开心？仔细想一想，你会发现，也许是因为他很像你的某个朋友、同事或者亲戚，或者在过往的经历中，有类似的人给你留下了非常愉悦的回忆，又或者你也说不上来是为什么，就是觉得对方亲切（潜意识已经替你想了）。

这种情况，便是“移情”！把对之前的人的记忆、想法、情感和冲动，都转移到了另一个人身上，就叫移情！

移情已经成了心理医生最重要的治疗工具之一。在心理治疗中，心理医生是鼓励病人发生移情的，甚至在没有移情发生的情况下，还会故意“设套”，引诱其发生。为什么？很简单，心理医生只有让病人把对之前的人和事的情感“移”到了他身上，才能知道病人之前经历过什么，与他人的关系怎样，从而掌握病人的症结所在！

我们也知道心理疾病都是潜意识出了问题，而移情就是将潜意识的问题推出“水面”！当移情发生时，心理医生本身就像一面镜子，照出了病人的问题所在。患者也像投影仪一样，将过去的种种经历投射到医生这块“白板”之上。

下面我们就通过案例，来了解一下到底什么是“移情”。

案例 Case 1

这是一位年轻的知识女性，因为一些心理问题来看医生，我们叫她大A好了。

大A对男心理医生抱怨，说她有性困难，尽管性生活很频繁，她却从未感到过满意。每隔一段时间，她就会发现她遇见的男人都有些毛病是她不能忍的。

这位心理医生是个很正统的心理分析家，听完她的自述后，他很快就让她躺在睡椅上，想对她进行下一步的催眠治疗。然而这个习惯性的安排，却在不经意间有了意外的收获：它触发了大A对这位男心理医生的性爱移情！

大A坦白地告诉心理医生，躺在睡椅上让她有一种欲死欲仙的性亢奋：“躺在这里真是舒服，我感觉自己快要死了，要性高潮了！你接触过像我这样的患者吗？你明白我的意思吗？”

心理医生听闻后没有羞涩地跑开，“嗯嗯嗯，讨厌哪你！”相反，他是很专业的，同时也对这位女患者很感兴趣。虽然他知道治疗有点儿难度，但他还是尝试着去分析这种移情。

“如果我们做爱，这对你来说意味着什么？”心理医生问道。

“我不知道。我不想谈这个，我只想做这事，你想不想睡在我旁边？”大A用手指敲敲躺椅。

大A想和心理医生发生性关系的心情变得越来越急切。还在孩提时期，大A就和她的亲生父亲以及叔叔有过性关系，并从中“获益”，性对她来说，意味着吸收、融合和占有。她也经常利用性来达到控制和占有男人的目的，虽然事后她又对这些男人很恼火，甩掉了他们。现在，她又将这种自孩童时期就开始的，对于男人和性的“奇葩”态度统统移情到了这位心理医生身上。她将他当成了“那些男人”！

案例 Case 2

一位25岁的男性，我们叫他小B。小B在面临完成学业即将开始他的职业生涯的时候，变得抑郁和焦虑，并出现了惊恐发作（自己莫名其妙被吓出一身汗，全身发抖，心脏猛跳）。在进行了6个月的心理治疗后，小B做了一系列的梦，在梦中，他和不同的女人做爱，但是他始终都觉得这些女人缺乏魅力。

接下来，他开始在治疗的时候注重起自己的打扮来，并不停地跟女心理医生吹嘘自己多么有魅力，女人们是多么喜欢他，多么想跟他上床。而这位女心理医生也开始分析他这些举动背后的原因："难道说他有点儿喜欢我啦？"果然，小B不久便向她表达了爱慕之情，还想象着和她做爱的场景。女心理医生当即拒绝了他，这让小B既恼怒又沮丧。

治疗还在继续，小B慢慢意识到，儿时的他曾经想完全占有母亲，并希望他的父亲消失，现在，他把这种对母亲的爱移情到了女心理医生身上。

他害怕进入社会工作，这是他来接受治疗的原因。他的这种恐惧感，实际上可以被理解为不愿意进入成人世界，与成年男性竞争成年女性的爱，而这些成年女性在其潜意识中代表了他的母亲。小B逐渐明白，他儿时对母亲的渴望在他的心里激起了极度的焦虑，这才是病因所在。

两个例子讲完，我想大家应该明白了，移情就是患者将孩童时期便开始的，深埋在潜意识里的冲动带入意识中，再对它们进行识别、理解和掌控的过程。这些"冲动"被从潜意识的暗夜里挖了出来，曝光在意识的"光天化日"之下，也就不再像它们藏起来的时候那么威力十足，势不可当了，可以说是"见光死"。

这也是为什么心理医生要鼓励移情发生。

说完了移情，我们就不得不说说"反移情"！

跟鼓励发生移情不同的是，反移情是心理治疗中出现的危险情况，心理医生都在尽量避免它的出现。

"反移情"又称为"逆向移情",是心理医生把自己的感情、想法等投射到了患者身上!就像所有的移情一样,心理医生的逆向移情也是来自于潜意识的冲突。这也不难理解,心理医生也是人,是人就难免情绪化,不可能做到像机器一样"冷酷",但是这些冲突是心理医生自己的冲突,而不是患者的冲突。"凭什么患者花钱来看病,自己的病能不能看好不说,还要先'忍受'一下医生的病呢?"而且,这种逆向移情也会严重影响治疗。

还是来看两个例子。

案例 Case 1 一位男心理医生的自述:

很多年前,曾经发生过一个让我记忆犹新的案例。那时我刚出道不久,血气方刚,年轻气盛,同时也经验不足。

一位同样年轻的女舞蹈演员找到了我,向我倾诉她的苦恼:

"我总是想要诱惑任何一个我中意的男人,问题是,一旦成功地诱惑了他们,我又会马上失去兴趣。而且我总是喜欢吸引那些坏男人。说起来有些不好意思,我有这样一个习惯,就是喜欢卷入已婚男人的感情中去。事实上,有好几个男人为了我,现在都和他们的妻子离婚了。然后,我却又开始蔑视他们,分分钟想离开他们。"

不可否认的是,这个女舞蹈演员的确是一位非常漂亮的女性,拥有一张天真无邪的脸,白皙的肤色,凹凸有致的性感身材。她说着自己在少女时期的滥交经历——和男人、女人都发生过关系,面无表情,就像在描述别人的事情一样。在治疗中的某一刻,她突然滑倒在躺椅里,伸开双臂打哈欠,就在这时,她的双腿分开,暴露出了内裤。我瞥了一眼那个地方,当我抬起头的时候,她正冲着我坏笑,说:"我知道你们这些男人在想什么。"她的某种姿势以及那个坏笑组合在一起，启动了我体内的某个开关，还来不及得到任何警告，我的性冲动已经被挑逗“起来”了！

然后我试图通过交叉双腿来掩饰“证据”的时候，她笑得更欢了。最终我发问了：“那么你倒是说说看，我们这些男人想的是什么呢？”我努力试图以一种自然的方式来提问，但我的声音已经开始颤抖了。

她讥笑说：“呵呵，没什么。”

“你刚才说你知道的，现在又开始逃避？”

“别提了，忘了吧。”她开始谈别的事情。

而我就像着了魔一样，揪住这个话题不放：“我想问问你，你觉得你的坐姿如何？”

“什么意思？”她有些吃惊。

“你穿着短裙，这样叉开腿坐着，实在令我无法入目！”我有些恼怒地说道。

“你想多了，呵呵。”

“你在暗示我什么？你明显就是在勾引我！”

“你确信这不是你在自作多情？”

“我确信！”

在面谈的最后，她愤怒地离开了。几天后，她打电话给我，说她决定终止咨询。

其实在当时，我并不乏女性患者，也有同性恋倾向的男性患者，在我的办公室里也出现过类似的情况，就是所谓的“性挑逗”吧。但我却没有任何性反应，更不会像这次这样不专业，歇斯底里。然而，在这个案例中，她的姿势和笑容，却变戏法般的唤起了我过去的记忆……

在我5岁的某一天，我闲逛进了浴室，恰巧撞见我的母亲坐在马桶上，门虚掩着。这是我第一次看见女性的性器官，并沉浸在我所窥见的兴奋之中。当我抬起头的时候，母亲坏笑着看着我，就是与那个女舞蹈演员一模一样的坏笑。那个女舞蹈演员的性挑逗唤起了我一种恋母情结的移情，问题就出在这里！

案例 Case 2

一位女性患者有自杀倾向，她接受了一位正在心理诊所实习但缺乏经验的心理医生的治疗。这个患者情绪很低落，主要是因为她的一位像亲人一样的密友去世了。

有时这个患者来治疗，在她的手腕或者前臂上会见到新伤疤，这是她自己割的。而这位心理医生看到后反应就特别激烈，恼怒不已，他以一种质问的口吻问她：

"你为什么这么做？为什么？为什么？为什么？"

"不知道。"患者温顺而无助地回答道。

"我想我已经说得够明白的了，我们之间是有协议的！上面写着当你想死的时候，要打电话给我，不是吗？难道我们之间没有达成协议吗？"

患者陷入沉默。

"问你呢，你怎么不说话？"心理医生忍不住又问。

"我不知道该说什么。"

这位心理医生勃然大怒。患者能感受到这种愤怒的情绪，但始终保持沉默。心理医生把患者每一次自杀的意图，都理解成是对他的一种怨恨行为。另一方面，这位心理医生仍然有必要去处理好自己过往生活中的心结：母亲在他十几岁的时候自杀身亡了。在无意识中，他讨厌母亲，怨恨她不声不响地抛下他一个人孤独地生活。他之所以成为一名心理医生，就是想抚平自己内心深处的创伤，发泄这股无意识的愤怒，然后他被引到治疗有自杀意图者的这条道上来。然而，当他真的有了这样一个患者的时候，他就开始讨厌她了，就像讨厌自己的母亲一样，当然，这种讨厌也是无意识的。

不幸的是，这位心理医生的无意识憎恶最终把患者推向了自杀的边缘。而这种无意识的憎恶，是通过疯狂地施虐狂般的“矫治”他的患者体现出来的：

“你很想自杀，对吗？”

“不知道。我想不是的。”

“谎话连篇！还有一句真话没有?! 如果你不告诉我实情，我也没办法帮你，你自己看着办！”

“我知道。但我不知道说什么。”

“你家里有药吗？你回家以后赶紧给我扔掉！还有刀片之类的！×××，你听到我说话没有？我说话你都当耳边风吗？而且，你要记得，开始害怕和紧张的时候，要打电话给我。我说的话你能不能做到?!”

“我保证。”

“不要老跟我耍嘴皮子，光说不做！我可跟你说认真的，你真的会打电话给我吗？”

“是的，我保证。”

无意间，这个心理医生在促使这名患者自杀。事实上，他的责备和要求是使她自杀的一种间接诱导，传达给患者的潜在信息是，如果患者不能成为一个好女孩，不能按心理医生要求的那样去做，心理医生会不认可她！

接下来的这个周末，患者服用了一瓶安眠药，结果被送到医院进行紧急抢救。她活了下来，而心理医生则被取消了对她的治疗资格。

逆向移情是如此可怕，在某种层面上来说，如果心理治疗的过程中出现了不可控制的逆向移情，便意味着这场治疗彻底失败！

心有“拦路虎”，细嗅蔷薇——阻抗

在进行身体治疗的时候，有时候病人不喜欢吃药，不愿意接受治疗，因为治疗本身很痛苦。心理治疗也是一样的。

那么，心理治疗要做什么？

打个比方，我们的心理就好比人的身体结构。绝大多数情况下，我们只能看到人体的外部器官，比如鼻子、眼睛、嘴巴和皮肤，却看不到体表之下的，比如血管、脂肪、肌肉、神经和骨骼。心理也是一样，我们能了解到的只有一小部分意识层面，意识层面下隐藏的记忆、创伤、痛苦等，是我们无法发觉的。

心理治疗就是从意识层面着手，向下挖掘更深层次的潜意识中出现的问题。就像从表皮开始，一层一层割开，向内探寻，直至骨髓深处，这个过程如果不打麻药，会有多疼！同样的，当昨日的悲伤记忆重现，又会有多痛苦！要知道，心理治疗可没有麻药。

所以，患者对于心理治疗的态度其实挺矛盾的，一方面他们想让自己赶紧好起来，另一方面又怕触动往日的创伤。当他们担心“昨日重现”的时候，身体里就会生出一股力量，阻碍深层次的“挖掘”，同时也阻止潜意识中的记忆、体验和冲动浮现。这股力量，就是“阻抗”！

阻抗可不是患者对医生简单的拒绝：“不聊了，不聊了，不想聊！”这东西才厉害着呢，它让患者听其摆布，想聊也聊不了。

阻抗类型之一：迟到

来看下面这个例子：

有位患者，每次治疗都要迟到七八分钟。对于自己的迟到，患者总会有合理的、冠冕堂皇的解释，心理医生则认为这是患者对治疗的阻抗。一连几个月，患者总是迟到，而且次数越来越多，他这才承认他的迟到现象不仅仅是因为他所说的理由，但是具体因为什么，他也说不清楚，只知道每次就诊前就有些焦虑，想要回避当天的治疗。

阻抗除了像上面这样伪装成“迟到”，还可以伪装为以下几种：

阻抗类型之二：沉默

沉默意味着患者在意识和潜意识的层面都不愿意跟心理医生交流他的思想和感情。患者可能会觉察到他的不愿意，或仅仅感觉头脑一片空白，对于心理医生的问题不知道是怎么一回事。

心理医生：“能跟我谈一下你的情况吗？”
患者：……
心理医生：“你第一次惊恐发作是什么时候？”
患者：……
心理医生：“能说一下你沉默的原因吗？”
患者：……
心理医生：“看来你是不打算说话了，那今天的治疗就先到这里吧。”

患者：“好的，医生再见！”

阻抗类型之三：回避主题

心理医生：“能跟我谈一下你的情况吗？”

患者：“你发现没有，今天的天气很好！”

心理医生：“你第一次惊恐发作是什么时候？”

患者：“你最近有关注房地产走势吗？对于目前的状况你怎么看？”

心理医生：“注意听我的问题，你第一次惊恐发作是什么时候？”

患者：“医生，你脚上的这双鞋我很喜欢，什么牌子的？牛皮的吗？”

心理医生：……

患者：“我来的时候看到路口新开了一家饭店，你去吃过吗？味道怎么样？……”

阻抗类型之四：欣喜异常

大多数情况下，心理治疗是一项非常严肃的工作，但它不一定总是糟糕的或令人难过的，患者可能会感到有所收获而满意，甚至偶尔有巨大成功后的喜悦。但是，频繁地或者莫名其妙地出现高兴和极大的热情，以及长时间的兴高采烈，都在提示着正有什么东西被回避——通常被回避的东西都是与表现出来的东西截然相反的。

心理医生：“你第一次惊恐发作是什么时候？”

患者：“什么惊恐发作？就是玩呢，呵呵，大概是两年前吧。”

心理医生：“那时你在哪里？”

患者："哈哈，让我想想，我当时在地铁上，嘿嘿。"

心理医生："当时发生了什么？"

患者："哎呦，当时我真是被自己逗死了。你知道吗，我刚进入车厢，这心哪就开始怦怦怦地猛跳，搞得像情窦初开一样，那家伙脸红的呀，哈哈哈！哈哈哈哈！乐死我了！不行了都！当时都喘不上气了，给我激动得呀！哈哈哈！一下子就魂不守舍了，赶紧抓住旁边的扶手，然后就天旋地转，感觉像是在云端哪！High得很哪！哈哈哈哈！"

实际上，这位患者患有幽闭恐惧症，他不愿意面对治疗，更不愿意面对自己内心的痛苦。而当时的真实情况是：当他进入车厢，他的心脏就开始猛跳，感觉自己快要死了，下肢发软，赶紧抓住旁边的扶手，因为他担心自己会摔倒丢人。紧接着他感到了头晕、恶心。后来他在下一站下车，从此再也没坐过地铁。

无论"沉默"也好，"回避主题"、"欣喜异常"也罢，或者其他一些阻抗表现，归根结底都源自患者内心深处的一句话："我十分不想接受治疗！"

上面也说了，阻抗不在患者的意识控制范围，所以心理医生要做的不是"摆平"患者，更多时候，是要帮助患者一起"摆平"阻抗！

那么，阻抗为什么会不受患者意识的控制呢？原因就在于它启动了人体自带的保护系统——防御机制！

什么是防御机制？

防御机制不是随人意念而动的。固然，我们时常会做一些意识的努力，但真正的防御机制是无意识进行的。其实，不光是心理疾病患者，几乎所有人都会运用防御机制，来将痛苦的情感和记忆隔离在意识觉察范围之外，这也是人类与生俱来的对自己的一种保护。

比方说，当遭遇重大突然的刺激，如亲人去世、财产损失，防御机制就立马启动，给人一个缓冲，不至于当场就精神崩溃，“抽了过去”。

下面有几种最常见的防御机制，分别对应前面的几种类型：

置换（对应“迟到”）

说得书面一点儿，置换是指改变一个人的情感指向的客体，从真正的客体转到一个更为安全的客体身上。说白了，就是“生气的时候找软柿子捏”。

比如说，一个人上班的时候被老板骂了一顿，很生老板的气，却又不敢对老板怎么样。下班回到家后，他便开始打他的狗，骂他的媳妇。从某种程度上来说，“置换”是让人在保证自己最大利益（不丢饭碗，不被打）的情况下，还能让自己“心里爽”的一种发泄方式。

压抑（对应“沉默”）

这是弗洛伊德最先提出来的，也是说得最多的一种防御机制。压抑就是主动将痛苦的记忆、情感和冲动等排斥到意识之外。

比如说，一位有性功能唤起障碍的人，他就没有任何跟性唤起有关的情感，也想不起来童年早期的跟性有关的记忆，一副“无欲则刚”的姿态。其实这是他身体内的防御机制怕他“太伤心”，将能令其触景伤情的记忆统统屏蔽掉了。

否认（对应“回避主题”）

与压抑相似，否认是将注意力从痛苦的事物转移开，但与压抑不同的是，否认并没有使痛苦的记忆、情感等完全脱离意识。所以当否认防御机制启动后，人不是真的察觉不到痛苦的事，而是选择用自我欺骗来逃避。

比如说，一位不光彩地被免职的领导，仍会摆出一副受人尊重的官架子。难道他真的不知道自己已经被免职了吗？这只是他的防御机制正在帮他慢慢“消化”这份痛苦而已。

升华（对应“欣喜异常”）

升华是一种比较成熟和“高级”的防御机制，大有“化悲痛为力量”的感觉。我们人类身上其实存在着很多原始的，为社会道德所不齿的冲动和欲望，而“升华”就是让它们都合理地转化了！

比如说，在我们还是孩子的时候，我们喜欢玩大便，喜欢将粪便涂得到处都是，但是长大以后却不能这么做了，那怎么办？去做一名画家或者陶艺家好了，这样就相当于将涂抹大便的欲望升华了。同样的，一位摄影师则可能是升华了窥视的欲望，舞蹈家和演员可能升华了他们的暴露欲，而正常健康的同性之间的友谊，则是部分升华了同性恋和乱伦的欲望。

就像有了移情就有逆向移情一样，这里也有“逆向阻抗”一说！逆向阻抗不是心理医生阻止患者治疗，“就不给你治，就不给你治”，而是阻止患者得到正确的治疗！心理医生因为自己潜意识中的某种症结，影响了对患者的客观判断，说白了，就是将自己的想法强加在患者身上。在这种情况下，患者不仅没有解决自己的问题，还会产生新的问题，在康复的道路上越走越偏！

来看下面的案例：

“我想尖叫。”患者说。

“这样做你能得到什么呢？”心理医生问道。

“释放自己！”

“释放自己的什么呢？”

“我也不知道，我不想讨论这个，我只是想这么做，但是我又担心你会不会不同意？”

“你说呢？”

“你不会同意的，是吗？”

“你觉得尖叫对你意味着什么？”

“这意味着……我也不清楚，我就是想尖叫。我不想讨论它，天啊，我就是想尖叫啊！”

这种对话在这位患者和心理医生的每次治疗中几乎都会出现。患者是个年轻人，他有个被虐待的童年，童年期的愤怒到现在爆发出来了。而这个心理医生呢，则非常反感患者大喊大叫，原因有两个：一、他是个接受过正统的精神分析训练的人，在学术上更是讲求一板一眼，不喜欢搞些“非主流的幺蛾子”；二、小时候，他的母亲有非常严重的神经衰弱，不允许他在家里发出一丁点儿声响。

所以，当这位心理医生因为自己的情结和经历，而影响他对患者的治疗态度的时候，他的逆向阻抗便发生了！

“有时候我觉得很寂寞，”患者说，“有时候我真觉得很寂寞，我想尖叫！啊啊啊啊啊！”

“这样做你能得到什么呢？”心理医生重复着他的标准。

“啊啊啊啊啊啊啊！”

“你给我瞎叫唤什么！闭嘴！”

这位患者永远不能尖叫，至少在这位心理医生这里不行，为此，他将不得不找另外一位心理医生。他的确也这么做了。

心理治疗的两大“门神”——移情和阻抗，就说到这里了。我们应该能看得出来，就像歌里唱的：“爱真的需要勇气，来面对流言蜚语……”心理治疗也真的需要勇气，来克服重新面对内心痛苦的恐惧，浴火重生！

Part 2 >>>

心理“通灵师”——梦

很多鬼怪小说中都会出现一个人物，就是“神婆”，又叫作通灵师，传说她们有沟通阴阳两界的能力，为生人传话，为死人达意。如果你对“梦”有些许了解，你会发现，“梦”其实就相当于我们心理的“神婆”、“通灵师”——连接意识与潜意识的桥梁。按照弗洛伊德的说法，梦是通往潜意识的康庄大道！

因此，在心理治疗中，也少不了用到“梦”。尤其是对高级的心理医生而言，运用梦来治疗其实是一种非常高级的治疗手段——梦可以帮助心理医生更有效地了解患者潜意识中的信息，为治疗提供帮助。

那么梦具体是怎样帮助心理治疗的呢？首先，我们还是从梦是如何“通灵”的说起——

梦的关键词

我们在网络上搜索信息时，会输入这段信息中的“关键词”。同样，我们分析一个梦的时候，也不是长篇大段不分主次地拿来就用，而是要提取其中的“关键词”，这些关键词组成了梦的核心。通常我们说梦有象征意义，说的就是这些“关键词”有象征意义。

先来看几个常见的关键词的含义：

火

梦中如果出现了火，通常它有完全两极的含义，主要视火焰的具体情况而定。

比如说：火焰是在一定范围内的还是完全失控而扩散的？是转化性的还是毁灭性的？一方面，火能摧毁一切，比如烧毁建筑和家园；另一方面，火也能重建生活，比如说在制陶业中，是火把陶土煅烧成五彩缤纷的釉。基本而言，火是一种转化性、上升性的力量，因为燃烧着的事物也是正在转化的事物！

除此之外，火与激情和性能量有关系，就像人们常说的：“我感觉自己欲火中烧，火烧火燎的。”

另外，火还可以代表愤怒的力量，所以我们形容一个人的坏脾气，会用到“火爆”这个词。

我们总结一下，梦里出现的火的含义有：

“我的内心正在发生转化与净化！”

“我心中炙热的力量！”

“我体内毁灭的力量！”

上厕所，大便，小便

梦里出现“排泄”的场景，实际上是情绪能量的释放，排泄物代表了心理的“垃圾”！

梦见**想要小便**，可能是做梦人的内心需要一片清晰安全的领地——跟大多数哺乳动物靠小便标记领地范围一样。

找厕所象征着需要找到自己的安全空间——一个可以表达自我和自身真实需要的地方。如果因为周围有人而不能小便，或者找不到厕所，则说明做梦的人在现实生活中很难找到合适的定位，总是处于一种被动和容易受伤的处境中，感到无处倾诉，且不被尊重。

而**尿道有灼烧感**，说明在做梦的人心底也许压抑着童年时期发生的，与性生活或性虐待有关的事情。

梦见**周围有粪便**，或是**跌倒粪坑里**，表示做梦的人可能正被负面情绪淹没，如恐惧、愤怒或仇恨，潜意识要求释放这些不想要的情绪负能量。

所以梦到“排泄”的总的含义是：

“我要释放不想有的负面情绪。”

裸露

裸露意味着没有保护，容易受伤，透明。

如果梦里你为自己赤身裸体地走在公共场合感到苦恼、丢脸，说明在你的心中有弱点和隐藏的事情。这些事情在你看来不可告人，害怕被别人识破，所以你急需衣物遮体，而衣物是隐藏、隐蔽的一种隐喻。穿上衣服，你可以隐藏你的身份，或者扮成他人，但不穿衣服，一切就会裸露在外让人观瞻，你便没有任何防卫。

如果梦里你虽然赤身裸体，但没有感到尴尬或羞耻，则说明你拥有未被限制的自由，你也没有什么需要隐藏的。

所以，梦见裸露的含义通常是：

“我察觉出心中有脆弱、秘密的地方。”

“我觉得自己十分透明，坦坦荡荡。”

下面，将这些关键词结合到具体的梦例中进行分析：

梦例 Case 1 这是一个40多岁的男人的梦

梦的关键词：

床，医院，监狱，女儿，被抛弃

梦的内容：

我发现自己在某家医院的病床上，周围看起来就像是个监狱。我4岁的女儿和另一个小女孩在跑来跑去，她们也住在这个地方。她进来和我简单说了两句话，就跑开了。突然间，我意识到我亲爱的小女儿处在被抛弃的状态。在这个没有人性的空旷地方，没有人真正在意她，她强烈地需要关心和照顾！我开始为此深深地伤感而哭泣。我心里的某种东西做出了反应：够了！我们不需要再待在这个地方了！我带着我的孩子离开了这家医院。

梦的解析：

做梦人感觉很糟糕，无法移动，生活进入困境（住在像监狱一样的医院里）。梦中他的小女儿实际上是指代他内心的“小孩”，而真正需要关心和照顾的也不是他的小女儿，而是他自己的内心。做梦人不开心，感觉不到爱，他的深层次需求没有得到满足（被抛弃），为此他深受触动。于是他做出决定：我将离开这种境地，照顾好自己！

现实情况：

在做这个梦的时候，做梦人做出了离开他的妻子并与之离婚的决定。尽管这个决定会让他有很多成长的机会，但同时也充满了困难和挑战，感觉就像是“冲破牢笼”。他觉得是时候照顾好他自身的需要了！

梦例 Case 2 这是一个23岁女孩的梦

梦的关键词：

医生，插队，人们，钱

梦的内容：

我看到两名医生在开放的广场上，许多人排着队要跟他们说话。我立马走入人群，插队进去见其中一位医生。到了那名医生跟前，我惊讶地发现他是一名中医。他拿起我右手摸我的脉搏，来检查我的身体，然后他轻声地说：“你身体里有些变化，你需要适应这个变化。明天过来，我给你开个药方。”我觉得他是对的，但是不理解他为什么不能现在立刻给我开个药方，我担心他明天可能就不在这里了。他一定是猜到了我的心思，因为他给了我20块钱，这表示我可以信任他。这时候人们已经等了很长时间了，站在我身后的人表达了他的愤怒，因为我是插队进来的。他用手指戳着我的脊梁骨，我感到很羞愧，抓住那20块钱，期望着明天可以见到医生，然后离开了人群。

梦的解析：

做梦人处在很多人围绕着的环境中，这些人的目标都指向同一件事情：中国的主流（中医）。做梦人发现自己也加入其中，越到所有人的前面（插队）。对她而言，适应中国传统的生活方式是件新奇的事情。她的内在向导（梦里出现的医生）检查了她的内在体质——她内心深处的想法。她意识到自己已经经历了一些变化，并且需要时间去适应（明天再来开药方），她不能一下子就把这些都搞定。她拥有所有必要的资源（钱）去经历和搞定这个过程。她感到自己已经被整合入“序列”之中，加入队列中，但不知为何比别人更快地前进到一个舒服的位置……这显然也是某些人愤恨她的原因（指着她的脊梁骨）。她的内心深处也清楚她并不完全属于“主流”。她觉得自己是自由独立的（离开了人群），她只是利用了主流提供的好的方面……

现实情况：

这位年轻的女孩刚刚大学毕业，在父母的帮助下，顺利地在一家大的国企单位（中国主流、传统）中获得一个好职位（插队）。

她说：“我是如此幸运能被这家单位接收，我决定做个‘更传统的中国人’，像我父母和哥哥一样，以中国传统的方式工作与生活。”但是她曾经的梦想，包括儿时的举动都是与传统相违背的，她曾期望着能完全按照自己的意愿生活，特立独行。但她现在也非常清楚，如果没有她的家人，她什么也不是，靠她自己的力量是无法过活的。她不得不向现实妥协，做一个她家人希望她成为的人。这个梦也反映了她内心的决定。

“梦”出真相

现在我们就把梦结合到心理治疗过程中，看看它到底是怎样帮助治疗的。

在下面第二篇《“最强大脑”是怎样炼成的》中，我们会讲到一个关于M的故事。她因为做了一个梦，梦里她的父母性侵她，醒来后便觉得这是真实发生过的，而之前只不过是将这段记忆抹掉了，现在才想起来。

对M而言，这是她记忆犯的一个错。那么她为什么会认定这个错误，甚至在周围人眼中也觉得她的推论合情合理？是因为在现实生活中，这种情况实际存在，且经常发生！

儿童在面对自己无法整合的事情时，很容易将这个令自己困扰的事情从意识中抹去，当作什么都没发生过。但实际上，与这个事情相连的情绪能量却郁积在体内，导致整个人内部能量失衡。在他今后的生活中，生命系统显然还是要寻求能量平衡，这时，这些藏在心底的“郁结”便在暗中蠢蠢欲动，只会让人心理上的病症越来越严重。而治疗的目的就是要促使这些“郁结”重返意识层面，得到治疗，当这些情绪能量被释放并转化后，症状便随之消散。

下面我们就通过两个案例来看看，梦是如何把压抑的记忆重新带入意识，并参与治愈的。

梦例 Case 1 有一位40多岁的女士，长期遭受抑郁之苦

梦境1：

“我在厨房中，为一些要到访的朋友准备晚餐。我面前有扇窗户，透过窗户我可以看见房子的花园。在花园里，有个大概5岁的小女孩儿在靠近房子的地方玩耍。我看着她，她穿着漂亮的衣服，在花丛中玩，好像很开心。我看到花园后面是个建筑工地，人们在那里建造房屋。小女孩儿进入厨房，她漂亮的衣服都变脏了，满是泥土，我很烦。”

解析：

做梦人发现自己在厨房准备食物。厨房表示她在积极地照顾自己基本的需要（吃），说明她有意在照顾自己，并准备为自己做些事，让自己变得更好。

她看到一座新房子在建成，实际上相当于是她自身的重建。

她在观察那个5岁的正在玩耍的小女孩儿，实际上是她在重温自己的

童年和儿时记忆，那个小女孩儿象征着她内心中最容易受伤的部分。当小女孩儿进来，她突然发现小女孩儿携带了泥土污垢的痕迹，小女孩儿干净的外表变得糟糕不堪，她很沮丧难受。这里出现了很多愤怒，显然这指向某些发生在她内心深处的“脏”东西。她在联结童年的创伤和给她留下肮脏痕迹的某些事情。

总结：

这个梦是某些事情需要治疗和愈合的清楚指示！解析的上半段说明了做梦人心中有治愈自己的想法和能量，下半段则在暗示症结所在。

心理医生了解了她这个梦以后，就开始有针对性地指引，为释放这些陈旧的记忆做准备。

后来她报告了另一个梦——

梦境2：

“我和一个女性朋友待在一起，她非常脆弱而悲伤。于是我把她抱住，感觉到强烈的爱，就好像她是一个分别已久再次见面的老朋友。她建议我脱下衣服，我发现我们俩就穿着内衣。我需要小便，我走开去寻找卫生间，但找不到……我终于找到一个卫生间，但因为太脏，我决定还是不用了。我继续找。我发现自己好像是在国外某个国家，进入一个挤满人的饭馆，有太多人在用卫生间……我又出去了，看到我叔叔的女儿，一个我痛恨的女孩儿。我不想和她一起走，但又说不出口。我们徘徊在夜幕中，感觉迷路了。一些动物横尸街头，我感到恐慌害怕。我离开那个小女孩儿，寻找我的朋友，我最终找到了她。”

解析：

梦中有漫长的探索，伴随着她外阴部的压迫感（尿急）。

她的朋友，其实是她内心中长期断绝联结的那一部分，需要她的关爱照顾。

她的朋友邀请她脱下衣服：卸下她的保护层，展示她裸露的真实。

她在不停寻找一个可以让她摆脱外阴部压迫感的地方，但只发现一些让自己不安全和羞愧的地方。

她感到迷失，碰到了她所痛恨的自身的一部分（叔叔的女儿）。

“街头的死尸”意味着过去陈旧的事情仍在困扰着她，而“徘徊在夜幕中”，则说明她的很多困惑依然是处于她潜意识的秘密阴暗中……

总结：

总的来说，这个梦揭示出很多令她迷惑的东西。这些东西正在渐渐浮出水面，她的另一个梦更清晰地说明了这一点：

梦境3：

“我在一个看起来像是几个世纪前的古镇上，镇上有着受人欢迎的集市。我躺在小毯子上，人们看着我，明显地带着厌恶与轻视的神情。我赤身裸体，没有腿，也没有胳膊，无法做任何动作。人们看着我的胸部与性器官，朝我吐口水……我觉得我做了很多坏事，跟性有关的，所以才遭受如此的毁伤和惩罚。”

解析：

这个梦境很清晰地指向某种不正当的性行为。她丧失了所有行动的能力，丧失了与人联结的能力（没有腿和胳膊）。她感受到的只有鄙视和愧疚。

到这里，梦已经一步一步将她深藏在潜意识中的痛苦记忆“推出水面”。后来的治疗中，她的身体清楚地释放出与她父亲乱伦的情绪和感受，从而成功地回忆起从小时候就开始的，但每次都被她从意识记忆中抹去的不伦的性关系。

总结：

让这位女士饱受多年抑郁之苦的罪魁祸首，就在这里！

梦例 Case 2 一位男士的案例

梦境：

“我和一个朋友走进了一家饭店。我注意到所有人都是裸体的，我想我走错了地方，想要出去。但我的注意力被一个家庭——一对男女和一个婴儿吸引了。这对男女都是赤身裸体，爱抚亲吻着那个同样光着身子的婴儿，她是个女孩儿。他们在我看来苍白丑陋，行为举止就像处在某种催眠状态中。没有人说话，整个环境非常沉默。那个男人戴着个面具，像是个小丑的脸。他还在亲吻一只小狗，或者是一个小男孩儿……所有这些在我看来就像是一种纵欲放荡，让我感到极度不舒服。”

解析：

做梦人梦到进入了一家饭馆，实际上是意味着他进入了自己的内心空间。

他注意到一个家庭中那对男女的表现，父母过度的身体亲密好像使那个婴儿被吞噬而消失了……这些实际上是他联想起自己童年的创伤，他父母对他过度的亲密和把玩。

整个环境中所有人都裸体，则说明发生的事情没有任何界限（传说中的节操无下限），极易受伤害，缺乏真正的沟通交流（沉默）。他可以感觉到他受到了伤害。

总结：

实际情况是，这位男士在童年曾被父亲性侵过，而母亲也经常为他洗澡的时候把玩他的小鸡鸡。梦让他记忆起这些经历，也让他发泄出内心的伤痛。

实际上，梦除了能够帮助心理医生治疗病人，还可以帮助到医生自己——梦可以暴露出逆向移情的征兆，能揭示出心理医生对患者的潜意识感觉！

梦例 Case 3 一位男性心理医生的自述

“我在一所公寓里，坐在一个躺椅上看书。小麦，我的一位患者，从我背后走来，开始摩擦我的肩膀。我放下书，闭上眼睛，然后感觉他的手向下滑动到我的两腿之间。突然间，他拉开我裤子的拉链，拿出我的阴茎。我猛地惊醒过来！”

这个梦中的小麦是一位年轻的男性，他对我有抵触情绪，就如同他对他的父亲有抵触情绪一样，这种情绪显然是将其针对父亲的情感转移到了我的身上。然而，我没有意识到的是，我对他也有逆向移情。当他听不进我的解释时，这种逆向移情就让我对他十分恼火。由于阻抗的作用，他顽固地拒绝接受我的任何治疗分析。正是在一次极其恼人的会谈后，我才做了这样的一个梦。

这个梦揭示了我的逆向移情及其原因。在我青少年阶段的某个时期，我的弟弟（比我小5岁）有一次撞见我在手淫。我向他解释了我在做什么，并告诉他，总有一天他会理解这究竟是什么意思。那事发生后没多久，某天下午，我正躺在床上闭目养神，他走过来，拉开我裤子的拉链，开始抚摸我的阴茎。他只做了几分钟，觉得这事没劲就走开了。

在我的逆向移情中，小麦化身为我的弟弟，即化身为那个顽固的、违背我每个意愿和要求的弟弟。所以，当小麦拒绝接受我的解释和分析的时候，他就不是一个“好弟弟”了，我的情绪自然而然就失控了。

Part 3

>>>

“世界上最危险的职业”

看完上面的内容，你可能也有体会：在心理治疗中，心理医生最好是一张空白的屏幕，这样他便能像机器一样客观地看待病人的境况，同时病人的移情会投射到上面并得到分析。可是如果现实中真的可以做到这样，也就没有我们这一节的内容了。

正所谓“无限风光在险峰”，心理治疗堪称世界上最危险的职业，然而这也正是它的魅力所在。

至于说危险在哪儿？我只想说，天上没有掉馅饼的事，收获了多少，必然要为之付出多少。心理治疗的价格为什么如此昂贵？心理医生为什么不是每个人都可以做？这背后是有原因的。

“若你长久凝视着深渊，则那深渊也会凝视着你”——心理医生面临的危险

世上没有哪种职业，或者说哪种医生，会像心理医生被工作牵扯那么

多。很简单，举个例子，如果你身体不舒服去看医生，医生会对你进行基本的诊断，然后该吃药的吃药，该动手术的动手术，他们不会更多地关注你的“来龙去脉”：你童年经历了什么，你现在的心情，你未来的打算……

但是心理医生就不同了，做到“共情”是最基本的要求！连患者的内心都没能进入，何谈下一步的治疗呢？普通医生在治疗病人时，会对自己采取保护措施，比如胶手套、手术口罩、不锈钢探测仪器等，以使细菌远离他们，避免自己感染疾病。

但是心理医生在做心理治疗的时候，用到的仪器只有自己的“心灵”。患者告诉心理医生以前决不分享的秘密——虐待、创伤、磨难、成瘾、冲动、性变态、愤怒，并且，期待被保守秘密。人们吐露他们最糟糕的本能、幻想、幻觉、错觉和强迫，而且要心理医生全盘接受它们，所以当心理医生去“心碰心”的时候，难免会受其影响，触发自己的心理“雷区”。毕竟包括心理医生在内，每个人的心灵都不是完美无瑕的。

下面我们来看几个心理医生的遭遇——

卷入

这是发生在一位男性心理医生身上的经历，我们把他称为爱德华好了。

爱德华接到一个“单子”，为参加过越战的老兵提供心理干预和治疗。而R是他收治的第三位患者——一位侦察巡逻班班长，在激烈的丛林交锋战中幸存下来的人。自从与R接触，爱德华便开始梦到R所经历的战斗情境：在交战中躲在牺牲的战友身后，搜寻被斩首的副手；躲在洞穴里，听着被俘的战友在附近的丛林遭受折磨时向他求救的哀号……而所有这些使爱德华感受到了前所未有的，甚至从未想象过的恐惧与残酷。

随着治疗的深入，情况愈发严重。爱德华很清楚一件事情：这种身临其境的战争体验已经侵害了他普通的防御机制——我们的普通防御机制能够保护我们免受文明生活中普通侵害的袭扰，但是对于一些极端的情况，比如战争，却是远远不够的，当我们遭到参战老兵所经历的那种残忍暴行的无情冲击时，普通的防御机制只能提供有限的、短暂的缓解，随后的事情就看你的造化了。

这个问题，军事精神病学领域已经研究过了。军事精神病学很直截了当地确认：将任何人，哪怕是最健康、最稳定的人置于无情的战斗中几天时间，都必然会导致他创伤性的精神崩溃！

当爱德华看到自己出现在R和其他老兵的战斗中时，他的噩梦生活进入了第二个阶段。在这个阶段，他的梦境与R在治疗过程中描述的场景依然非常相像，区别是，他成了梦境中的一个人物！他从内心深处将这些情节当成了他的亲身经历，他感到恐惧、愤怒、迷乱，并开始严重的失眠。他的所有日常生活、当前事件，乃至整个世界，都开始与战争息息相关起来。这使他强烈地体会到，过往的战争经历是多么严重地透支着这些老兵们正常的生活。

在为大量的越战老兵进行心理治疗了一段时间以后，爱德华的噩梦生活进入了第三个阶段，当时他做了一个意味深长的梦：

“我身处一座荒芜陡峭的山峰脚下。我孤身一人，精疲力竭，手无寸铁，躲在一小段原木后面，那木头刚好比我的身躯高一点点，长一点点。成群的敌军向山下冲锋，直奔我而来。他们尖声呐喊，枪口喷着火舌，他们想要我死。我深陷在那段原木后面，而颗颗子弹射进木头里面，眼看它就再也无法抵挡。我没法跑动，无法还击，很快我必将被重重围困，不是被俘就是被杀。”

他从这个噩梦中惊醒，伴随着他的是从未体验过的彻底的惊恐。

他感受到了死亡的威胁，却眼睁睁看着自己没有武器，无法还击。这个梦以及这些体验彻底击垮了现实中的爱德华，他变得性情暴躁，出现了严重的记忆力衰退……可以说先前在他的病人身上出现的症状，现在又清晰地、无一遗漏地出现在了他身上，爱德华不得不停止手头的工作，准备接受治疗。

激发

这是发生在一位女心理医生身上的经历，我们把她称为朱朱好了。

在全球过去的20年里，厌食症、贪食症等跟形体有关的问题大大增加，而这些问题大多发生在女性身上。为什么会出现这种情况？因为现在的社会文化和审美就要求女性“以瘦为美”。

有一句话说得好：男人通过征服世界征服女人，而女人通过征服男人征服世界。那么女人用什么来征服男人？用的就是又美又瘦！所以从青春期开始，女孩儿们就学会了压抑自己的食欲和欲望，以求维持自己的身材。她们深知自己的价值、权威和身份，全都要靠保持吸引力（苗条）来实现！

那么同为女性的心理医生朱朱，在处理跟形体有关的心理问题时会发生什么情况呢？这还得从一段视频说起——

朱朱录制了一盘关于女性形体心理问题和饮食障碍的治疗视频。在一次家庭聚餐后，她的七大姑八大姨就提出想看看这段视频。也是出于虚荣心，朱朱欣然接受了，在她看来，接下来的情形应该是这个样子的：

“啊，朱朱，你好职业！”

“啊，朱朱，你真的好厉害！”

“朱朱真不愧是搞心理学的！”

但实际情况却是这个样子的：

她们仅仅关注了视频不到10秒钟，就将注意力转向了其他地方，就此展开了一番激烈的讨论——

首先评论集中于朱朱的头发：

长度：长还是短？

而后，烫过还是没烫过？

然后，颜色：深红还是浅红？

“棕色，再加上发梢部分是红色的，是不是效果更好？”

“朱朱染成栗色的头发看起来怎么样？”朱朱的姑妈问道。

接着是关于她衣服的问题：

“那是一件衬衫还是披巾？”

“你在哪里弄到那件粉色夹克的？”

“现在谁还穿粉色的？”

“你为什么不穿黑色套装？”朱朱的母亲问道，“黑色要流行得多！”

最后，是关于她的体态：

“朱朱，我觉得你现在看上去比在电视上胖一些。”

“不是的！她现在看上去瘦一些！”

“那是因为电视让任何人都看上去胖一些。朱朱听你大姨的，你本人没那么胖！”

这个结果让朱朱惊呆了，她内心的某个地方被突然击中。原以为视频会让亲戚对她的工作产生兴趣，但是最引人注意的却是她看上去怎么样。而且亲戚的评论也影响了她，她真的开始在意自己的样子。

朱朱意识到，自己的力量感是多么容易被侵蚀，不安全感和羞耻感是多么容易被激起。而这一切都源于一件事：身为女性的朱朱，在骨子里，和那些因为特别在意形体而患上厌食症的患者是一样的，她们都被同样的文化价值观所影响——那就是：不瘦，毋宁死！

当朱朱内心的这种想法被“激活”后，就如滔滔江水，一发不可收拾。有一天晚上，她做了一个非常可怕的梦：她梦到了她指导的厌食症治疗小组，但她不是治疗师，而是其中的一个患者！思思，小组里最瘦的一个，正在嘲笑她，因为她的大腿太肥了！朱朱冷汗淋漓地醒了过来。

第二天，当她看到思思在小组里面的时候，她感到自己块头太大，尽管她知道自己只有100斤左右。朱朱不敢对别人尤其是她的患者吐露半点儿“心声”，因为一直以来都在她开导自己的病人：“外表并不重要，真正的自信来自你的内心。”如果她的病人发现她也是“唯貌是图”会怎么样？她简直是这个世界上最虚伪的人！

随着接触的病人增多，朱朱越来越无法面对对方的倾诉，因为对方的诉求实际上也是她的诉求——越瘦越好！更无法假装充满正能量地指导对方的人生，她甚至连提都不想提跟形体有关的内容。——确实是这个样子的：人们越是在意的东西越会避而不谈，怕的就是“伤口”暴露出来被撒上盐。

作为一个治疗饮食障碍的心理医生，却开始回避跟形体有关的问题，后果会是什么？那就是她再也无法胜任这份工作！朱朱选择离开她的工作岗位，回家休养。

“同归于尽”

上面两个例子中的心理医生，一个陷入了情绪困境，一个影响了职业生涯，但他们都没下面这位心理医生的例子极端——把命都搭上了！

一位拥有15年私人从业经历的心理学家，在凌晨两点半被一位患者的室友打来的电话吵醒。这位患者的室友参加晚会很晚才回家，发现患者死了，是在客厅的壁柜里上吊死的。在书桌上，发现了患者手写的两页纸的自杀遗言。上面写道，他再也无法忍受“无穷无尽的抑郁”了！家人和朋友的努力，药物治疗，尤其是“徒劳无功的心理治疗”，都没什么用！

这个令人心烦意乱的电话只是开始，对这位临床心理医生来说，那是一个经久不息的、真实发生的噩梦，他不得不经年累月地承受职业的和内心的极大痛苦。患者的父母把自杀遗言中“徒劳无功的心理治疗”抓住不放，认为就是它导致了儿子的死。他们以玩忽职守罪起诉了这位心理医生，控告他由于没有做出诊断和采取措施而构成过失杀人罪！

这位心理医生因为患者的死亡一蹶不振，感到羞耻和愧疚。尽管他曾经做了大量努力，来帮助那位患有严重抑郁并且长期想要自杀的患者，包括：在家接听无数次危机处理电话，多次安排住院治疗，专业咨询，还尝试了三种不同的药物治疗。这位心理医生就此陷入了抑郁之中，把责任归咎于自己。

在自杀事件发生后的两年里，这位心理医生忍受着诉讼的折磨，并且越来越明显地感到同事和朋友们也在为自杀事件谴责他。终于，在一个下雨的夜晚，他独自一人在家中饮弹自尽。

跟这位心理医生一样，很多与自杀当事人相关的人也会在一段时间之后选择自杀。举一个非常典型的例子：2008年，韩国著名女星崔真实的好友安在焕疑因庞大债务压力自杀，当时有网友谣传是崔真实追债逼死好友，她不堪流言，在家中浴室以绷带上吊，留下年幼儿女。两年后，也就是2010年，崔真实的歌手胞弟崔真英疑因忧郁症也在家中自缢轻生。紧接着，2013年，崔真实的前夫赵成珉也以同样方法自缢，走上绝路。除了安在焕，曾经一家亲的三人（崔，崔弟，崔前夫）都在39岁辞世，令人唏嘘。

为什么会这个样子？

这得从很久以前说起——

长久以来，自然死亡和意外死亡被看作是“上天的旨意”，相反，杀人和自杀被看作是不可饶恕的罪恶，因为在这种死亡方式中，有人故意侵扰了“上天的杰作”！

就拿古时候的英格兰来说，对于自杀身亡者，要在法庭上对其进行死后审判，确定他是因为患有精神病而无辜的自杀者，还是蓄意谋害自己的罪犯。如果是后者，自杀者就有罪，他的财产要没收充公交给国王，尸体还要被玷辱和鞭挞，不能接受宗教葬礼，而是弃置荒野。其家人也要被剥夺财产，遭受惩罚，并被社会排斥。

随着时间的流逝，社会的发展，惩罚自杀者的习俗已经不存在了。但是整个社会，特别是法律体系要求：总得有人为此负责！那么在自杀事件中，只要存在，被选中的替罪羊就大多是心理医生：他们负责治疗病患而且防止自杀，却失败了。心理医生在这种情况下会被推至风口浪尖，不仅要面对外界的千夫所指，更重要的是自己压在心口的大石：良心的谴责！

心理治疗的危险不仅在于心理医生本人承受的职业风险，还有一种情况，是针对患者的——遇上“不靠谱”的心理医生，病人也将坠入万劫不复的深渊。

“翻手为云，覆手为雨”——病人面临的危险

下面是一位叫琳的女孩儿的案例，我们可以看到那位“危险”的心理

医生是怎样一点一点蚕食着她本来可以治愈的心灵，致其走上不归路的。

琳一直无法将她叔叔在她6岁那年开始对她做的事抛到脑后，她还可以回忆起之后几年中类似的场景，各种细节鲜明的抚弄、猥亵，甚至虐待的行为。现在时间过去了20年，她还能回忆起那把沾满鱼血的刀锋顶在她肚皮上的感觉，还能清晰地记起她的凉鞋的颜色，感觉得到脚底的水泡，头顶上太阳的灼烧和牙缝里的沙子。这一切仿佛就在昨天！她的脑海里不断浮现出那条死鱼的样子，想象着她的眼睛和无神的鱼眼一样，在旁边看着她叔叔一上一下起伏的身体，以及那巨大身体下面压着的小小身体。这些琳都是记得的，而且犹如不速之客，经常不请自来。

在最后一次强奸过了13年之后，她终于拿起电话，向本地的一家心理诊所求助。此时的琳已经严重肥胖，多年来，她受到暴食症的困扰，暴饮暴食垃圾食品，然后滥用利尿剂、泻药、催吐剂来清洗自己的身体。每一次暴饮之后又人工排出，她的自责感和挫败感也一次次地加强，她感到非常气馁、惶恐，为不能控制自己的身体感到愤怒。她渴望变得“正常”。

心理医生平静地听完琳关于她暴食症的讲述，沉默了一会儿，问道：“琳，你告诉我，你有没有被性侵的经历？”

“有。”琳回答，同时对心理医生的洞察力感到惊讶，“太神了。”随后，她简单地描述了她被叔叔强奸的经历。

“就他一个人吗？”

“他一个就足够了。”琳干笑道。

从那个星期起，琳开始接受治疗。从一开始，她的心理医生就发誓，不彻底揭露那些虐待行为誓不罢休！他要求琳把强奸的一切细节都讲出来，甚至详细到她叔叔阴茎的大小和形状。琳不得不一遍遍重温那一幕幕场景，十分痛苦。在第二、第三次治疗后，心理医生突然把矛头指向了琳的父母。

“你被强奸的时候，你的父母在哪里？”他问道，“难道他们不知道你叔叔在虐待你吗？”

“我从来没跟他们讲过，”琳说，“我今年才说出来的。”

“你确定？我就纳闷了哈，你想想，你跟你叔叔单独出门多少次了？20次？30次？你觉得你父母看到你单独和叔叔开车出门，是怎么想的？”

琳开始和心理医生争吵起来。“他们不知道！”她说，“因为我从来没跟他们说过，我觉得难以启齿。我的父母很穷，他们两个人每天都得工作12个小时，家里还有4个孩子要照顾。而我作为长姐，他们只能假设我能照顾好自己，照顾不了的时候也会告诉他们！”

“你别激动嘛，我只是需要你仔细思考一下。”心理医生开始用一种抚慰的语气说道，“你要试着想象一下嘛，你那时是个小女孩儿，才6岁对吧，一个人和叔叔出门几个小时，回来以后满身大汗，脏乎乎的，没准儿还吓得要死的样子。你肯定会哭出来，闹脾气，并紧抓住你的妈妈不放。你真的认为他们没有察觉？想想看，努力回忆一下到底发生了什么？”

琳听完后在迟疑。心理医生见状，马上说道：“这样吧，亲爱的，我给你出几招！你回去后每天写日记，深层次挖掘自己的记忆，再好好练习我教给你的自我催眠，这样就能更好地想起以前的事了！”

几个星期的密集治疗和所谓的“寻魂”练习以后，琳停止了抵抗，她说：“也许你是对的，他们可能的确知道。”（实际上，琳的父母当时并不知道强奸的事，确实是多年以后才从琳的口中得知。）

她的心理医生又开始转移角度："如果你的父母知道，那他们为什么还能允许这种事继续呢？"琳摇了摇头，表示不知道。这给了心理医生一个可以操作的机会，他说道："好的，我们已经知道他们知道了，但是他们又没有阻止。你想想会不会有一种可能，他们其中的谁，甚至两个人，对你也同样进行过虐待？"

琳又一次开始申辩，说了父母诸多不可能这样做的原因。她试图将话题拉到饮食问题上："我仍然无法阻止自己暴饮暴食和之后的呕吐。"心理医生这时却为她做了个总结："你的暴食症就是过去隐藏的记忆搞的鬼！听我的，当你把以前的事情都想起来了以后，你就什么问题都没有了。"

"我的父母从来没有碰过我！"琳喊道。

心理医生马上接道："亲爱的，别再自欺欺人了好吗？你就是嘴硬！这样吧，你回去继续想，使劲想，深入地想，忘我投入地想……把思绪写下来，把梦记录下来，想象也行。只要你能记起来，一定会感觉好起来！"

这中间的过程省略不表，最后的结果是心理医生胜利了，他成功引导琳"制造"出了一份鲜活的记忆：

首先是，她回忆起了房间中曾出现过一个男子。

心理医生问道："你能认出那个男人是谁吗？"

"我觉得好像是我的父亲。"

"他在做什么？"

"他站在屋子的角落里，我看得到他的头。"

"他是否在动，有什么手势吗？"

"没有，他就站在那儿不动。"

"怎么可能站着不动呢？再想想。那你在哪儿呢？"

"我躺在床上。"

“很好。想象一下，如果你父亲朝你走来，朝着床边走来，大声告诉我接下来会发生什么？”

琳开始哭泣。在她的脑中，这些“记忆”被还原。

“他在我上面。”

“很好。继续想，别控制！他做了什么？”

“他在分开我的腿。他站在我上面。他在我上面……”琳开始无法控制地抽泣。

几天后，琳又回忆起一个片段：她坐在浴盆里，她的妈妈在给她洗头。但是，母亲的另一只手在有意识地沿着她的胸脯向下摩擦。很快，她就发现母亲在来回抚摸她的乳房，然后母亲的手继续向下摸，一上一下，有意识地寻找，最后停留在她的私处。

“干得漂亮，亲爱的！”心理医生兴奋了，“你可算是都想起来了呀！”

但是对琳来说，她的世界垮塌了：她一直坚信她的爸爸妈妈是爱她和保护着她的，而这两段“记忆”的出现，则意味着她的一生都建立在幻想和否认之上，她怎么能愚弄自己这么多年呢？

接下来的一年里，琳5次试图自杀。她每天都被那些残忍的闪回镜头骚扰着，感觉自己已经面临崩溃。每一个新挖掘出的回忆，都在将她残余的理智蚕食。她断绝了所有家庭联系，也没有任何朋友，而她的心理医生则不断改变对她的诊断。在不到一年的时间里，她被诊断有：

分裂性情绪失调

两极性躁郁症

重度抑郁症

神经过敏性抑郁症

慢性创伤后应激障碍
临床抑郁
分离性心理障碍
心境恶劣障碍
边界性人格障碍

最后，琳被送进了精神病院。在那里，人们用头撞着墙，当众手淫，在冰冷的地上大小便……

琳是她的心理医生错误治疗下的不幸的牺牲品！

最后一个案例，尽管出现的情况很少，但我觉得如果这一篇中没有一个这样的案例就是不完整的！

有个28岁的女人，就诊于一位国内知名的心理医生已经6年了。在过去的几年里，心理医生通常在办公室外会见她，与她发生性关系，而且他们的性关系显然具有施虐和受虐的特征。例如，他会把她绑起来，打她，强迫她口交。在这段时间里，她会继续去他的办公室见他，而且还要为定期的精神分析支付费用。

这个患者过去是一个聪明、健康的年轻女人，她因为有一些神经衰弱而进入治疗，但她既不是精神病患者，而且性格中也没有混乱和变态的地方。除了在这个关系中，她也没有过其他的施虐与受虐的经历，并且在事业上相当成功。

那么现在，一个重要的问题来了：为什么如此聪明、成功又比较健康的患者会屈从于这样一种猖狂的性虐待呢？

很明显，她是遇上了“变态会武术，谁也拦不住”的情况：这位心理医生在最好的学校受过教育，在最权威的心理机构中受过培训，同时也是以最恶毒的方式来发泄他的逆向移情——施虐与受虐的性爱！这位心理医生为什么会产生这种恐怖的逆向移情，事情还得从他小时候说起：

当他小时候还没有能力应对的时候，他的母亲就试图让他接受使用便盆自己大小便。一旦他反抗，母亲就会粗鲁地抓住他，让他在马桶上坐几个小时，直到他想排便。如果她要出去，她就会把他绑在便盆上。这时他会哭，但无济于事。事实上，当他那样做的时候，他的母亲就会嘲笑他。为了报复，他开始故意排泄弄脏自己的裤子。在他具有恋母情结的时期，他不断地弄脏裤子，而他的母亲则反过来开始给他残酷地灌肠。每当她在他的裤子中发现一个粪块，她就脱下他的衣服，把他扔到床上，然后用灌肠器械“强奸”他。由于这些童年时期的受辱事件，这个心理医生的体内孕育着残酷的种子，现在他的残酷萌芽了，并破土而出转向他的患者！

在他的错误治疗和诱导下，这位女性患者退化到了非常低的自我层面上——她将自己的想法与意愿都抛诸脑后，别人的想法就是她的想法。此时，她的自我界限已经很放松了，说白了就是“将底线无限地拉低”，把本来非常不合理的事情当成合理的了，非常容易受到另一个人的侵犯。她已经陷入了一种催眠后的恍惚状态。

“为什么说心理治疗是世界上最危险的职业？”这时，想必你已经有了自己的答案。或许有人还会争辩：“哎呀作者你看看，摩天大楼窗户清洁工、鳄鱼训练师、矿工什么的才是最危险的职业，因为它们会让人分分钟丧命！”我想说，这你就不懂了吧？死算什么，头掉了碗大的疤！而失败的心理治疗却会让你生不如死！

至此，关于心理治疗的内容就全部说完了。心理治疗之路就如同人生之路，是一条泥泞弯曲之路，但同时它却又更神秘、惊险和刺激！

第二篇

“最强大脑”是怎样炼成的

Hardcore
Psychology

重口味
心理学
3

E先生是一位“运动失认症”患者。患上这种病的人可以看见物体，但是不能看见物体是否运动，即使能看见运动，也看不见运动的方向和快慢。对E先生来说，最诡异的事莫过于穿行在人流中，身边的人看起来是“突然出现在这里或那里，却看不到他们是怎么移动的”，每个人对他来说都是“瞬移大师”！

在没有人帮助的情况下，他过不了马路：“当我一开始看见一辆车的时候，它还在远处。但是当我想穿过马路的时候，这辆车突然就出现在我边上了！”倒咖啡对他来说也是件难事，流动的液体看起来就像凝固了一样，因此他会不停地往杯子里倒咖啡。

有人说过，我们的大脑就相当于变形金刚身上的能量块，或者钢铁侠身上的动力源，几乎承载了我们生活的全部内容！它每天要处理亿万条数据和信息，做出无数个反应和决策，支配我们的一举一动，甚至连睡觉时也在不停地忙碌工作着（做梦也离不开它）。即使这样，大脑的功能也只被开发了10%左右！

虽然，这种仅仅使用了大脑的10%的说法是没有事实依据的，但由此可见大脑背后的高深莫测、深不见底、一望无际、一马平川……总之，大脑想要跟人表达的意思就是：“俺可是很复杂很复杂的！”

那么，拥有复杂大脑的我们，能不能揭开复杂大脑本身的真相呢？它是否就像传说中那么强大和神奇？

要想了解大脑，最简单粗暴的办法就是找来一个，然后切开它！

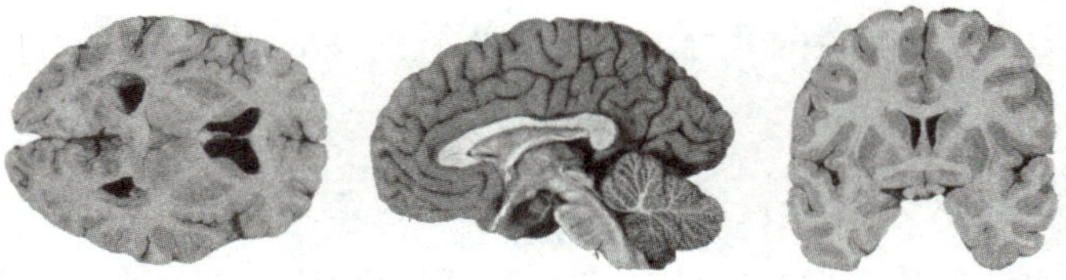

水平切面　　矢状切面　　冠状切面

上面这幅图就是大脑经过横切、竖切、平切，总之就是各种切之后的样子（真的跟核桃仁很像），大家可以看到分布在它上面的“层层沟壑”和一些分区。在生物学上这些部位都有各自的名字：后脑、中脑、前脑和枕叶、顶叶、额叶等。

在这里我要说的是，其实无论怎么切，你都会发现人的大脑总的来说可以划分成四部分：

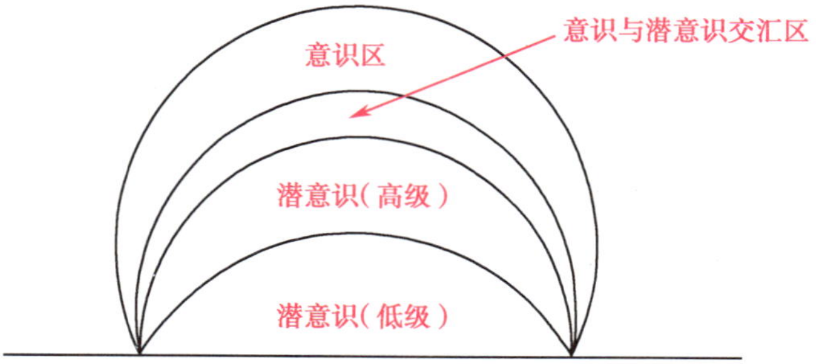

意识区：这是大脑最高级别的部分，也位于大脑的顶端，或者说是最前端，即大脑皮层。这块“地界”负责什么呢？它主要负责获取人的意识，做出重大决策等。

意识与潜意识的交汇区：这里主要由杏仁核和海马组成。我们都知道杏仁核负责人的情绪，而海马则责记忆，所以这个交汇区主要控制着人的情绪和记忆。

潜意识（高级）：这个区域主要由中脑、下丘脑和小脑组成，分别控制着人的基本感觉、体内平衡和生物节律等。

潜意识（低级）：这就是人类大脑最低级的部分了，主要负责人的呼吸节奏、体温调节等，就位于大脑的最底部和后部，即脑干。

为什么会这么划分，还得从人类起源说起。自人类诞生，人的大脑就在不停地进化着，但是进化的方式不是“推翻旧有的制度，建立新的制度”，而是每进化一步，都在原有的基础上进行。

大脑就好比一个甜筒冰激凌，在进化过程中，更高级功能的添加就像甜筒顶部又加了一勺冰激凌，而下面的冰激凌被覆盖在原处，基本没变。也因为是这种方式，我们人类第一勺冰激凌的地方——脑干、小脑和中脑，与青蛙的大脑结构并没有太大区别。同样的，我们第二勺冰激凌的地方——下丘脑和丘脑等系统，跟同样有着两勺冰激凌的大鼠也没有太大区别。最后，关键的地方来了，人类之所以能傲视其他生物，独领风骚，就在于我们有着很多生物都没有的第三勺冰激凌——发达的大脑皮层。

人类大脑的这种进化方式，说明了它不是终极且万能的计算机，也不是造物主在白纸上即兴完成的创作，大脑是一座独一无二的大厦，积淀着无数年的进化历史。它既拥有顶尖的技术，又残留着老旧的设备，这就导致大脑既有"高大上"的一面，也有"矮胖挫"的一面……接下来我会为你一一呈现。

看到这里，也许有人会问："等一下，作者，我买的是一本讲心理学的书吧？大脑跟心理学有一毛钱关系？"

的确，在很多人眼里心理学就是"心里"的事，离脑袋还远着呢。但我要说的是：讲大脑的这一篇可能是我们最"心理学"的一篇了！为啥这么说？看过我前两本书的人也许会记得我提过的一句"至理名言"：心理是大脑机能的反应！

如果觉得这句话不好理解，那我说得再形象一点儿：心理不是一个"东西"，它触不到又摸不着，硬要打个比方的话，我们可以把它比作火，那么大脑就是打火机！现在明白了吧，心理不是"心里"的事，也不是大脑本身，它是发生在大脑中的活动！

研究清楚了大脑也就搞明白了心理学，反之亦然，所以接下来我们就需要借助一个个心理的"火花"，来探明大脑这个"打火机"的真相！

Part 1 >>>

“前世今生”——记忆的火花

试想一下，当你丧失长时记忆，会是什么样子？你虽然能记住刚发生的事情，但对更早的一些事情完全没有印象，就像你刚刚从沉睡中醒过来一样。这时，你可能会在一张纸上写下你的感受：“前尘往事成云烟，消失在我的面前！”

可是，过了一会儿，你又会忘了这一切，直到你又觉得好似刚刚睡了一大觉（为什么是“又”呢），以前的事都记不得了。这会儿你看见了你在纸上写下的字，但你却根本不记得写字这事儿。多么令人奇怪啊：以前就“消散”过？你肯定认为这是别人的恶作剧，或者是自己在意识不清醒的时候写的！你生气地擦掉上面的内容，重新写道：“现在，前尘往事才成云烟，消失在我的面前！”

过了一会儿，你又会擦掉原来写下的内容，重新写下相同的内容。最终，你被人发现在一张纸上不断地做同一个行为：写上，再擦掉，写上，再擦掉……

你觉得这种事只会出现在诸如《初恋50次》之类的电影中吗？其实，生活中也存在这样的例子，比如有位患者为了治疗自己的癫痫病，跟医生合议后切除了自己的海马，而后就出现了灾难性的后果……

至于这个后果有多严重，我们暂且不说，先来跟大家说说什么是长时记忆。

"记忆家族"

想要说清楚长时记忆，这里就不得不提到它的两个兄弟：瞬时记忆和短时记忆。

它们三个的关系如下图：

瞬时记忆非常短暂，它存储事物的时间仅仅为0.25~2秒，可以说就是一瞬间的事。如此短暂的瞬时记忆能帮上我们什么忙呢？其实在生活中它的用处还真不小，比如看电影！我们在看电影的时候，屏幕上呈现的其实是一幅幅静止的图像。因为瞬时记忆的存在，每幅图像总在我们脑中停留刹那，所以我们就可以将这些图像看成是在运动的，而不是一张一张地变换。

瞬时记忆中有用的部分会被选中，进入短时记忆，而短时记忆中有用的部分则会进入长时记忆，同时长时记忆中的信息也会为短时记忆提供线索，比如说"这东西看起来很熟悉"，或者"这人有点儿眼熟"，表达的就是这种线索。这也是短时记忆和长时记忆之间要画上双向箭头的原因。

短时记忆消退得也很快，顶多坚持个5秒—2分钟。例如，你看完一串字符DZLAUV就被某件事打扰，回过头来让你说出这串字符，你回忆起来就很费劲。但是长时记忆中，哪怕尘封多年的往事，只要勾起你的回忆，就会立刻浮现在你的脑海里。

短时记忆和长时记忆的存储量也不同。你听到一串数字或字符，例如46547431023135……你能记住的数量可能不会超过7个，而长时记忆的存储量却大得无法估计。

短时记忆中的内容一旦忘记，便永远消失。而长时记忆中的内容，有些事你可能觉得已经忘记，可是一旦有合适的线索提示，你又会想起。例如让你说出你的中学班主任老师的名字，可能你会有几个人的名字回忆不起来，但给你一些提示后，比如照片，或者名字中的某个字，你可能就想起来了。

（有一个流传甚广的说法，鱼只有7秒钟的记忆。但这种说法很可能是错误的，在此不做深究，画只供大家一笑而已。）

以往对“记忆家族”的介绍就到此为止了，但是今天我在这里要增添两位新的成员：内隐记忆和外显记忆！它们两个跟“瞬、短、长”记忆三兄弟没有什么“血缘关系”，说白了，只是划分的角度不同，“瞬、短、长”记忆三兄弟是按记忆的时间长短来划分的，而内隐记忆和外显记忆则是按有意识和无意识来划分的：

外显记忆——意识
内隐记忆——潜意识

外显记忆比较好理解，就是对事物有意识的记忆，比如当你回忆最近看的一本书是什么，或者昨天晚上吃了什么，用到的就是外显记忆。

而内隐记忆则是发生在你潜意识中的，连你自己也意识不到的记忆。

举个例子来说：

有一个实验，让三位长相差不多的医务工作者对同一个健忘症病人服务，其中第一个人很和蔼，第二个人保持中立，第三个人则凶神恶煞。

5天之后，让病人对这三位医务人员的照片进行辨认，询问这个病人，如果可能的话他更愿意选择哪位做他的朋友。病人完全不记得这几个人是谁，是否跟他打过交道，但选择了对他态度和蔼的那个！而问他最不喜欢哪个人时，他选了第三个人，也就是对他凶神恶煞的那个，尽管这是一位长相甜美且面带微笑的女性。病人也无法解释不喜欢她的原因。

显然，他在潜意识里是记恨住她了！

再举一个例子：

我们小时候都玩过“俄罗斯方块”。在游戏中，各种几何图形从顶端往下落，我们要通过移动和旋转，让它最终落在合适的位置上。一般人玩上几个回合就能清楚游戏的玩法，技巧也能得到提高。而健忘症患者玩上几个小时后，却仍然不知道该怎么玩，甚至不记得玩游戏的经历。尽管这样，他们的技巧还是有了一点点进步，而且，他们会在入睡前“看”到一堆往下降并旋转的小图像（就是俄罗斯方块里的图形）。他们很困惑，也很好奇，想知道那些图像到底是什么。

记忆，你这个“磨人的小妖精”！

现在我们回到上面提到的那位癫痫病患者的故事。

我们可以把他称为H，时间是1953年。话说H的癫痫病真的很严重，每天发作10小次，每周发作一大次，吃什么药都无济于事。最后他和他的外科医生不得不放出一“大招”：切掉他的海马。因为当时的研究表明，癫痫的发病可能与海马的病变有关。但是那会儿人们对海马的认识仅限于此，没人知道手术后将会发生什么事情——我们现在已经知道，海马对信息的存储和记忆提取都有非常重要的作用。

虽然手术成功减轻了H的癫痫病情，一年内大的发作不会超过两次，但是几乎可以肯定的是，H宁愿回到以前的癫痫生活状态！

为啥这么说？来看看H身上到底发生了什么：

首先，H丢失了手术前2—4年的所有记忆。这就是所谓的“逆行性遗忘”，对大脑损伤之前发生的事件丧失记忆。但对于更早发生的事情，他却能够准确、详细地回忆，例如病人可以记起他儿童时期和少年时期的居住地，却不记得三年前的居住地在哪儿。

其次，更糟糕的是，手术之后H记不住新发生的事情了！这就是“顺行性遗忘”。假设你星期一去探望他，星期二他就不记得你了。他每天读同一本书，这本书对他而言永远是本新书。

这就是典型的健忘症的症状——“不畏将来，不念过往”，因为什么都没记住！

从“记忆家族”的角度来说，这肯定是其中某个“兄弟”出了状况，会是谁呢？

给H一个数字584，过一会儿，再问H是否记得这个数字。H全神贯注地思考了15分钟后，给出了正确的答案，还解释道：“很简单，我刚刚记住了8，你知道5+8+4=17。我记住了8，然后17−8=9，9÷2之后可以得到5和4，那就是584。”这是H关于584的记忆联想。但是不到半天的时间，你再问他答案的时候，H已经完全忘记了刚才的数字，以及相关的记忆联想。

这说明H的瞬时记忆和短时记忆没什么问题，而储存事实和事件的永久记忆能力已经荡然无存了！

H可以不厌其烦地反复阅读同一本杂志，有时候他也会跟别人讲一些他的童年回忆，但是10多分钟之后又会跟同一个人再次讲述同样的故事。1980年，他来到疗养院生活，4年后他却不记得当时的居住地和他的护理人员。虽然他每天看电视新闻，但是从1953年之后，他只能回忆起这些年来的一些零碎片段。这些年来，人们在日常用语中出现了许多新词汇，类似像我们的“不明觉厉”，但是H却不认识这些词，并认为它们是毫无意义的废话。手术后的几年里，无论何时问他的年龄和年代，他总是回答27岁和1953年。显然，对他来说，时间已经永远停留在了那场手术时！所以年老后，他每次照镜子都会很震惊，因为他印象中的自己是半个世纪前的模样！

而从内隐记忆和外显记忆的角度来说，对于H，也对所有的健忘症患者来说，内隐记忆都要好于外显记忆，通过上面医务人员的例子我们就能看得出来。

记忆是个“大忽悠”！

以上是人的大脑在遭受损伤后记忆出现的问题，那么如果大脑运转正常，记忆就一点儿问题都不出吗?

我们老话说得好，叫“无风不起浪”，或者“苍蝇不叮无缝的蛋”，就是说一些事情发生了，总会有它背后的原因，不可能是毫无缘由的。事实上果真如此吗?

来看下面的案例：

爱整蛊的记忆

这个案例的主人公为S。

14岁的时候，S身边发生了一件事：他的妈妈淹死在游泳池里。

30年后，在舅舅90岁的生日聚会上，S得知了一个“事实”：当时是S在游泳池里发现母亲的尸体的！最开始S非常震惊：“不，不可能，是姨妈发现的。我当时在睡觉呢，我没有记忆。”

随后，记忆慢慢回来，就像烧柴火冒出的零星火点一样，徐缓地、难以预料地开始燎原！他逐渐看到自己，一个瘦瘦的、黑头发的男孩儿，盯着蓝白闪烁的池水。他的母亲穿着睡衣，面朝下漂在水面上。“妈妈——妈妈——”他反复叫道，声音越来越大，最后变成尖叫。然后是警车到来，警灯闪烁，担架，白色的布覆盖在尸体上……这就是S对发现母亲尸体场景的回忆。

这一切看上去很合乎逻辑。S心想：“怪不得母亲的死总是在困扰着我。这些记忆其实一直都存在，只不过是我先前无法触碰到而已，现在，有了这些新的信息，一切都完整了！这也可以解释为什么我平时强迫自己做个工作狂，生活得如此没有安全感，同时又很渴望无私的爱。”

那个生日聚会以后的日子里，S的记忆不断扩张和膨胀，愈演愈烈，又补充了好多当时的细节。直到有一天早上S的哥哥给他打来一个电话，说舅舅年龄大了，给搞错了。从资料来看，其实发现尸体的还是S的姨妈，S当时并不在场……

接完电话，得知自己的那段记忆不过是虚构，S愣在那里，真的好似晴天霹雳，先前还膨胀着的记忆气球一下子就缩了回去。毕竟，具体形象的东西比含糊无形的东西更让人安稳，至少他能知道自己的回忆的开头、中间、结尾是怎么样的，知道自己为什么会成为现在这样，而不是一些飘渺的烟雾。没有这些细节，他心里剩下的只有空洞和无尽的忧伤……这不是坑爹嘛！

为什么S会凭空生出了一段回忆，还被它糊弄得不轻？这得从记忆是如何运作的说起了。

在许多人眼里，人的记忆是个大图书馆，储存着海量的信息，你想调取哪份都可以，并且还能够准确无误地呈现。说白了，就是认为记忆会完整和准确地记录我们经历的任何事情。

这可就大错特错了！

如果说短时记忆勉强能谈得上“精准”，那么在你回忆的时候（长时记忆），真实的情况是，你读取的只是记忆的碎片，就像拼图的碎片一样。然后，你会利用这些碎片重建过去的事件（想法、情感、图像），在重建的过程中你会用你认为“合理”的方式填补碎片之间的空白，而不是以事件真实发生的情况来填补，所以这里面会涉及你的梦、愿望和欲望。大多数情况下，重建工作完成得天衣无缝，以至于自己也无法分清记忆中到底有哪些内容是重建的。

除此之外，S为什么会被记忆欺骗还与我们人类的“多愁善感”有关。为什么说是“多愁善感”呢？因为我们总喜欢做“诗人”。同样一件事情，本来可以是“陈述性”的记录，偏要整成“故事性”的。差别在哪儿呢？来看下面的例子：

这是一名退伍老兵对战场经历的陈述性和故事性的记录。

陈述性：我曾经是一名士兵。当时有许多尸体，真实的尸体，真实的面孔。我当时还年轻，所以不敢看。现在，我所承担的责任和我所经受的悲伤都是没有面孔的。

故事性：他是一个无生气的、纤细的、近乎娇小的年轻人，大概20岁出头。他躺在一条红砖小道中央，离村边不远。他的下颚陷进了他的喉咙。他的一只眼闭着，另一只眼是一个星形的黑洞……是我杀死了他。

陈述性的记录就是白纸黑字，简单明了，何时何地，谁做了什么事等等；而故事性的记录则相反，它是上过色的，相当于把活色生香的气息注入死静的、无生命的过去的躯壳里，相当于将死人唤醒，重新注入他们的灵魂。通过故事性的记录，我们可以重新想象原先的自我，重新感受过去的体验，重新设想一个不同的结尾，甚至可以将死变成活！

但是这里就有一个很严重的问题。当我们把血肉重新附着到骨头上的时候，我们也将冒着被自己编的故事俘虏的危险。正是因为故事性记录比叙述性记录鲜活、详细得多，我们更容易把故事性的记录当作绝对真相来对待了。

这里我们可以再体会一下S的回忆。

"我记得很多年前的一个夏天，我只有14岁，我和母亲、姨妈去看我的舅舅。一个晴朗的早晨，我醒过来，得知我的妈妈淹死在游泳池里。"

这是陈述性记录，而故事性记录是另一个样子：

"在我的脑海里，我多次返回那个场景，每一次内容都有所增加。我能看到清风吹过的松树，闻到树叶散发出的松油的味道，嘴里还能品尝到舅舅做的鲜榨冰茶。但是母亲的死亡本身总是很模糊的。我看不见她的尸体，也无法想象出她死的样子。我最后一个关于母亲的记忆，是她踮着脚尖从我背后摸过来，突然抱住我，小声说：'我爱你！'"

如果说S的例子仅仅是小打小闹，那么接下来这个例子则可以称得上是荒诞至极，具有毁灭性！

噩梦成"真"

这个例子的主人公叫M。

M曾经是所有父母梦寐以求的孩子。她的母亲回忆："她是一个长相甜美、性格开朗、与人为善、最聪明和最快乐的孩子。"高中阶段，M是垒球队的队员，同时还是篮球队和排球队的队长。

毕业后，M在一家精神健康中心工作，同时开始准备她的药学本科。可是，在她21岁的时候，她遭到了强暴。袭击过后的几个月内，她的成绩一路下滑。之后，她转到一所离家近的学校，父母给她买了车，以方便她周末回家。但是，不到一年的时间，在1988年的夏天，M又一次成为性侵犯的受害者。

心理治疗帮助她应付了痛苦和愤怒，但是反复袭来的噩梦让她不得安宁。在这些梦境里，她的母亲长了一个阴茎，并对她进行了猥亵，她的哥哥强奸了她，她的父亲也用一个小十字架对她进行猥亵。日复一日，这些梦总困扰着她，于是在1990年6月的一个早晨，她突然“醒悟”过来，找到了梦境的“根源”：

原来，在她还是孩童的时候，她的父母便曾经对她进行过性侵害，为了自我保护，她将这些记忆埋藏了起来。M马上给她的姐姐和嫂子打电话，警告她们不要让孩子接近祖父母——M的爸爸跟妈妈。

犹如清水中的一滴墨，恐惧蔓延开来，M、M的姐姐、M的嫂子，这三个人都开始研读一本关于性侵的书，叫《治愈的勇气》，书里说：“你不是唯一一个不记得过去受过虐待的女人。……很多女人没有记忆，甚至不会形成记忆，但不代表她们没有被虐待过。”

跟书中列举的症状一一比对后，她们更证实了自己的猜疑！为了彻底消除疑虑，她们开始盘问孩子，然后带他们看医生。

但是医生认为孩子们传达出来的信息“非常重复混乱，有母亲施加压力的迹象”，于是M她们就换了一个医生……结果新的医生给出了跟上一个医生一样的结论。于是M她们又换了一个医生……直到遇到能给出她们“靠谱”结论的医生。

随后她们就拿着这个“靠谱”的结论作为证据，起诉了M的父母！

在法庭上，其中一个孩子向陪审团作证说：“我的祖父母曾经要求我触摸他们的生殖器，并将他们‘整个手’伸进我的身体里，甚至把‘他们的头’都塞进我的身体里。还有我的祖父母曾经通过按键操作过一个像整个屋子一样大的机器，这个机器有‘手’，这只‘手’

还打过我！”

另一个孩子也作证说：“我的祖父母将他们的手指伸到我的身体里，还将我放到一个巨大的笼子里，然后锁在地下室。他们强迫我喝一种绿色的药水，我就会全身变绿。他们威胁我，如果告诉别人，就会用刀捅死我的妈妈！”

而M自己的证词就更荒谬离奇了。

但是这些指控没有一个能被证据证实：警方找不到屋子一样大的带手的机器，找不到所谓的地下室和绿色的药水，检验结果更证明孩子们的处女膜完好无损！

虽然最后M的父母被无罪释放，但是从起诉到审判，已经过去了两年时间。而孩子们彻底崩溃了，分不清哪些记忆是真，哪些记忆是假，甚至有个孩子也开始做M做过的噩梦。

这一切的根源就是一个女人做了噩梦，然后冒出来一堆莫须有的记忆！

以上例子说明，不管你大脑遭受了创伤，还是正常的，记忆都是“不靠谱”的。因为它本身就是一个二次创作的过程，是一个将事实和虚构交织编纂的过程。

那么我们该如何面对我们的记忆以及我们的生活呢？正如弗洛伊德说的：“关键不是真正发生了什么，而在于你怎么去回忆！”这一步，决定了你是迈向天堂还是地狱。

Part 2 >>>

看你看的世界——视觉的火花

以前我读书的时候，有一门课程叫光学，其中会有几节课讲到透镜方面的知识。而一到这个时候，我们的男老师就会“难以自持”，开始跟我们聊起相机镜头——他是真的爱这个。当时他说过的一句话我到现在还记得，觉得挺有意思：“所有相机的镜头都是在模仿人眼的构造，而人眼是世上最‘高精尖’的摄影设备，没有任何仪器能做到跟它一样！相机镜头的高级程度，取决于它与人眼的接近程度！”

下面我们就来看一看人类的视觉究竟是怎么回事。

蚂蚁能看多远?

有一个心理学博士研究生，在他毕业的口试中遇到一个问题：“蚂蚁能看多远？”

各位也试着回答一下这个问题。

不知道你们的答案是什么，反正当时这个博士生脸“刷”的一下就白了，没答上来。“老师你们是不是在整我？”但考官们仍是一副风轻云淡的表情，好像这个问题非常简单。这个博士生想啊想，把有关昆虫视觉的所有知识都回忆了一遍，也没想出来。考官最后咧嘴笑着告诉他：“理论上，一只蚂蚁能看到14960万千米——地球到太阳的距离。”

这当然是一个玩笑，但是也指出了非常重要的一点：蚂蚁能看多远，或者你我能看多远，不是取决于视力有多好，而是取决于光线能传播多远！我们能看见东西是因为光进入了我们的眼睛，而我们的眼睛并不能发射出“视线”！

再深入点说，我们能看到物体，就是因为被物体反射的光线直射进了我们的视网膜，被上面的光感受器吸收，光信号被转换成了电信号！

有人会说：“呦，怎么还变成电信号啦？”当然，这种电不是我们家里用的交流电，而是细胞中有带正电或者负电的离子，它们移动就产生的微小电流。这也是细胞间传递信息的一种方式。接下来，水平细胞、双极细胞、无长突细胞、神经节细胞等各路“大神”纷纷出动，通过一连串复杂的步骤，对这一信号进行处理，最后得出我们脑海中的画面！

如果你用显微镜去观察一台摄像机，你会看到在摄像机的成像面板上布满了完全一样的电路单元，就像是某处巨大的新住宅开发区，望不到边的房子全都一模一样。这时再看人眼，你就会发现造物主对人类的偏爱，人眼视网膜（成像面板）上的光感受器（电路单元）不都是一样的，不均衡地分布着两类不同的光感受器：视杆（负责黑夜）和视锥（负责白昼）。对于大多数日常活动（包括阅读）来说，视杆的输出都饱和了，也就是说帮不上太大的忙了，只有视锥才能提供可靠的信号。

除此之外，人类的视网膜上还有一个叫“中央凹”的东西。在中央凹的中心，分辨率是最高的，视觉最敏锐，说白了就是这里看东西最清楚。视锥感受器也在中央凹附近分布最密集，然后向外逐渐递减，距中央凹12° 以外就没有视锥了。如下图：

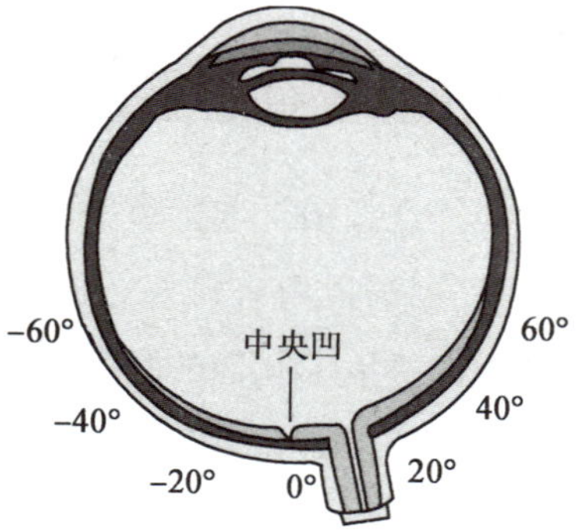

因此这就需要我们看东西时不断地转动眼球，把中央凹对准环境中我们最感兴趣的地方，然后视网膜的神经元能够以最高的分辨率对这一区域采样，就像我们拍照时的聚焦一样。

通常这种刻意的聚焦我们自己是感受不到的，我们觉得看哪里都是一样的敏锐和清楚，殊不知，这其实是一种非常逼真的错觉！

用下面的办法就能帮你将这种错觉“打回原形”，证明你眼角的余光并非那么清晰。

请盯着下一行中间的"●"，不要转动你的眼球，然后试着认出尽可能多的字母：

Text siht fo tsom ● dear t'nac uoy

怎么样？在两边你能读出的字母不会超过三个！现在你终于感觉到中央凹的存在了吧。

铁看到的颜色

请想象自己是一块铁……

正当你像平时一样一动不动地坐着时，有一滴水滴在了你身上。你对水的知觉会是怎样的？是的，我们知道铁没有大脑，它不会有任何知觉，但是，让我们抛开这些事实，想象一下如果铁可以感受到水，会发生什么事情？

从铁的角度来说，水无非就是让自己生锈的东西。而从人类的视角来看，水不会让我们生锈，让铁生锈并非水本身真正的属性，只有铁才这么认为。

同样的道理，我们看到小草是绿色的，是因为绿色是光线从小草反射出来，与我们大脑的神经元相互作用后形成的一种体验。从铁的角度讲，它会认为小草是绿色的吗？

正所谓："菩提本无树，明镜亦非台。本来无一物，何处惹尘埃！"

也许世上本没有"绿色"，只是我们心中有"绿"，就像在铁的世界里，水不是我们认识的水，而是让它们生锈的东西一样。用叔本华的话来说就是："颜色是心智的产物，而不是外部世界的产物。"所以真实的世界是什么样你永远不可能知道，你知道的只是你看到的世界。如此一来，其实也就没有什么“真实”的世界可言了。

一不小心就上升到了哲学的高度，下面回到正题，我们继续说颜色。

所谓色觉，是一个极端重要的感觉，也是人脑中神经系统的产物。其实世界上并没有什么“红色”或者“蓝色”的物体。像太阳这样的光源，发出的电磁波长范围很广，物体表面对辐射的反射也是连续分布的，射入眼睛的亮度也是连续的，不会只被截取其中某一段。但我们大家却要把一些物体说成是红色、蓝色、紫罗兰色、紫色、深红色等，这是为什么呢?

就在于一样东西——视锥。大多数哺乳动物有两种视锥感受器，而人、猿则是例外，有三种视锥。每种视锥负责收集不同的光子，然后进行比较和计算，最终得出结果，就是我们眼中看到的颜色。所以颜色本身与深度、波长不同，它不是一个直接的物理量，而是由人的大脑构造出来的!

不同的物种具有的视锥类型数量也有不同，所以它们面对同一物体，也会看到不同的颜色。举例来说，有种虾有11种视锥细胞，它们看到的世界必定是十分绚丽多彩的!

眼见为实?

有句老话，叫“耳听是虚，眼见为实”。

日复一日，我们都坚信感官给我们提供的情况是真实的，尤其是视觉。这个只要看看日常谈话中关于感官词语的运用就清楚了：

“我看他像个骗子。”

（这表示“他的真面目被我揭穿了”。）

“我听他像个骗子。”

（这也许是真的，也许不是，需要进一步关注。）

“有时闻着他不太对劲。”

（我怀疑，但很难确切地说为什么，需要进一步关注。）

为什么法庭上需要“目击证人”来做证词，也说明了这一点。

绝大多数人都深信自己感知到的东西是最靠谱的，绝不会欺骗自己，事实真的如此吗？

首先我们来看一张图：

你能看见“十字路口”的黑点吗？是不是想看不到都做不到呢？

这就是视觉对你的欺骗！因为“十字路口”的黑点实际上是不存在的。

人们在看一样物体时，为了识别它，视觉会着重突出这个物体的边缘。怎么突出呢？就需要将这个物体的边缘变亮，边缘以外的部分变暗。

在心理学上，这个过程就被称为“侧抑制”！实际上就是一些视觉神经活化后，会抑制相邻的神经元，“我们引人注目就够了，你们老实待着吧”！

而我们之所以会看到图上的黑点，是因为几个黑色小方块相距太近，那么它们中间的地带就会同时受到几个边缘的多重抑制，所谓“暗上加暗”，最后就变成黑色的小点了。

再来看下面这幅图：

你觉得上下哪条线长呢？

明显会觉得下边那条更长一些！

这是著名的缪勒·莱耶错觉，也叫箭形错觉。两条线段，其中一条的两端被加上向内的斜线，另一条的两端被加上向外的斜线，那么前者就显得比后者短得多。而实际上，这两条线段是一样长的！

还有下面这幅：

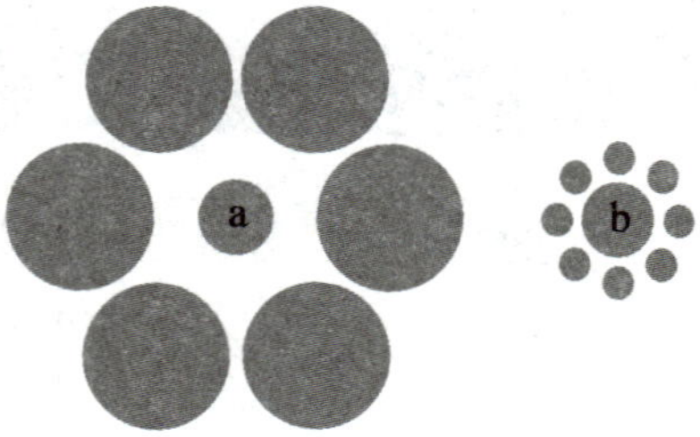

a和b，哪一个圆更大呢？

这就是艾宾浩斯错觉。同样大小的两个圆，一个被更大的圆形包围，一个被更小的圆形包围，前者看上去却要小于后者。

以及这两幅：

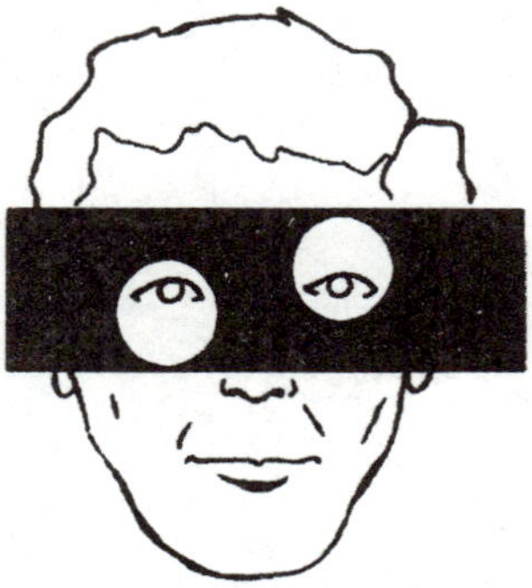

是不是看起来两只眼睛一个高一个低？

其实，眼睛是排列整齐的，不信的话，就用直尺量一下吧。

隧道里的两个怪物，哪个更大？

其实是一样大的。不信，再拿尺子量一下吧。

所以说，眼见也不一定为实！

我们为什么会被双眼“骗”成这样？这还得从视觉感知的过程说起。来看下面这幅图：

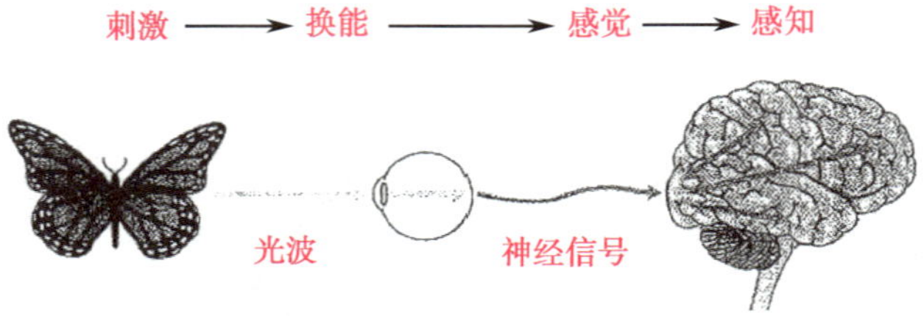

一只蝴蝶从进入我们的视线，到被我们识别出，一共经历了下面几个过程——

刺激：眼睛接收物理刺激——从蝴蝶身上反射出来的光波。

换能：将光的波长、强度等信息编码成神经信号（一种电信号）。

感觉：神经信号被传送到大脑的感觉皮层，信号在那里被转变为颜色、明暗、形状和运动的感觉。

感知：通过将这些感觉与大脑其他部分的记忆、期望、情感和动机等联系起来，最后对这个物体得出一个完整的感知结果！

这说明什么？说明我们并不是直接体验这个世界，大脑也从来没有直接从外部世界接受过刺激，我们是通过一系列感觉"滤镜"来体验的。这中间哪个环节出了岔子，都会影响我们最终对事物的感知。再说每个人的"滤镜"系统也不尽相同，所谓"一花一世界"，外部世界的真实模样是什么，我们无从得知。还是那句话，我们只能看到我们看到的。

在大脑处于正常运转的情况下，都可以出现这么多的错觉，就更别提大脑受伤以后了！来看下面的案例：

D女士，在34岁时因煤气中毒几乎死去，最后侥幸捡了条命回来，但因为缺氧，大脑产生了大面积、不可逆的脑损伤。

D能看得到物体，却不能识别物体，如果想认出物体，就只能靠触摸。她分不清举在她面前的铅笔是横着的还是竖着的，也讲不出她看到的究竟是一个长方形，还是一个三角形。她不能临摹很简单的图，因为认不出临摹的对象是什么，却可以靠着回忆画出物体的轮廓，比如下图这样：

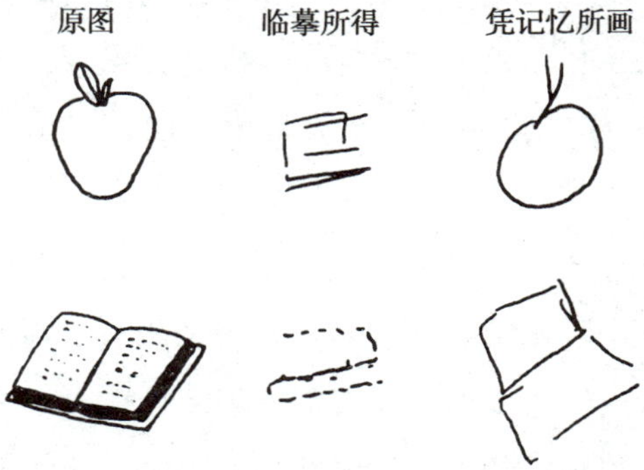

D虽然无法识别物体，却行走自如，能绕过路上的障碍物，还能接住丢给她的球或木棍。换句话说，D的运动视觉没受影响。

D女士为什么出现这样的问题？只因为她患上了一种非常棘手的疾病——“物体失认症”！

物体失认症的患者在感知一样东西的时候，“刺激”和“换能”这两步都没有问题，问题就出在第三步“感觉”上！他们无法将神经信号转变成颜色、明暗、形状和运动的感觉。这就导致他们变成了“睁眼瞎”——虽然看得见物体，却无法识别物体！

失认症除了像D女士这样发生在物体上，还会发生在运动、面孔上，来看下面的案例：

E先生是一位“运动失认症”患者。患上这种病的人可以看见物体，但是不能看见物体是否运动，即使能看见运动，也看不见运动的方向和快慢。对E先生来说，最诡异的事莫过于穿行在人流中，身边的人看起来是“突然出现在这里或那里，却看不到他们是怎么移动的”，每个人对他来说都是“瞬移大师”！

在没有人帮助的情况下，他过不了马路：“当我一开始看见一辆车的时候，它还在远处。但是当我想穿过马路的时候，这辆车突然就出现在我边上了！”倒咖啡对他来说也是件难事，流动的液体看起来就像凝固了一样，因此他会不停地往杯子里倒咖啡。

而对于“面孔失认症”，《错把妻子当帽子》一书中的皮博士患上的就是这种病。这是一种非常奇特的疾病，患者能够识别物体，可以阅读，看运动的物体也没问题，唯独不能识别人的面孔！

皮博士曾当着很多人的面起身寻找他的帽子，他伸出手，抓住他妻子的头，想把她的头拿起来戴上。很明显，他把妻子当成了帽子！

有人曾对他做过实验，拿出一张画有图形的纸问他：

“这是什么？”

“当然是立方体了。”

“好。那这个是什么？”实验者举着另一张图问他。

“十二面体。我看其他的就不必问了……二十面体也难不倒我的。”

显然，皮博士对抽象图形的区分能力没有任何问题，那辨认面孔呢？

实验者给他播放了一个电影片段，并关掉了声音，让他对情节做评论。

尽管所有的演员都非常有名，可皮博士一个也没认出来。如果是对演员不熟悉，这还说得过去，但无法解释且令人震惊的是，虽然戏里感情热烈，情节曲折，皮博士却说不出演员脸上的表情，完全看不出所以然来。他不清楚发生了什么，也不晓得谁是谁，甚至连角色的性别也认不出来，最后，他对这幕戏的评论更是风马牛不相及！

视觉混乱了是如此，如果其他方面的感觉一起“乱”了起来，会是什么样呢？

来看下面的案例：

一位27岁的瑞典职业音乐家S，她是一位“通感者”，说白了就是各种感觉不待在自己的位置上，而是相互间乱窜。具体说来，她无论在什么时候，只要听到特定的音调片段，都会感到舌头上有一种味道。这样的感觉完全是一一对应的：3个音阶总是产生甜味，7个半音阶引起苦味，而6个半音阶则是冰激凌的味道。她对音调的反应会有视觉上的颜色感受：C调是红色，F调是紫色的，等等。

而S也仅仅是多种类型通感者中的一员。其他的人还能够听到气味，闻到文字，由时间分类而引起色觉，比如说11月是蓝色而5月是红色，周六为粉红色而周三为浅绿色。甚至还能通过某种特定的视觉刺激感觉到热！

关于视觉的内容我们就说到这儿了。

Part 3 >>>

魔鬼的冲动——情绪的火花

“动脑”伤感情

B是一个“神人”，他在生活每况愈下的情况下，还保持着浑然不觉、镇定自若的态度：

在工作中，他曾经是一名优秀员工，但后来工作质量直线下滑。同事觉得他跟先前判若两人，变得不主动与人沟通，也不理会别人的建议，有时候甚至连招呼都不打。而老板则认为：“这人现在怎么变得这么一根筋啦？他可以花掉整个下午对一些小文件和无关紧要的信息进行分类，沉浸在里面无法自拔，却把真正重要的任务扔在一边！”最后，B丢掉了自己的饭碗。

在生活中，他离婚后又结了婚，但是好景不长，很快又离了婚。显然他也处理不好两性关系。他屡次尝试着创办自己的公司，却每次都犯下明显的重大错误，以失败告终。这些耗尽了他所有的钱财，让他变得一贫如洗。但是B在智力方面却没有什么问题，相反，他是一个很聪明的人，能够处理繁杂的运算和工作任务，每天还了解政治经济事件……

不知道你们身边有没有类似B这样的人？如果有，还经常嚷嚷自己头疼的话，我建议你赶紧让他去看医生！

B之所以变得如此“情商顿失”，原因如下：脑扫描显示，一个小橘子般大小的肿块正在压迫他眼睛上部的额叶区域……

B的情况还不算最糟糕的，我们来看下面这个案例：

图中这个脑袋的主人叫菲尼亚斯·盖奇，以下简称G。这是由计算机扫描成像的他受伤时的状况。幸运的是，他伤成这样都没死，还在当时被誉为“十大起死回生事件”之一。看一下他痊愈后的样子：

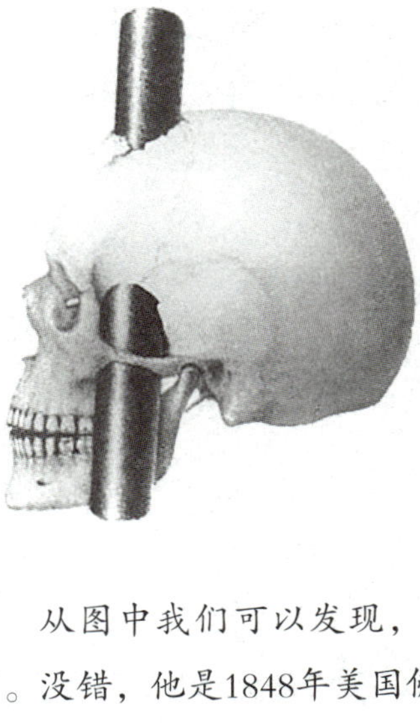

从图中我们可以发现，G这身装扮说明他可是“有年头”的人了。没错，他是1848年美国佛蒙特州某个施工队的队长。铁路施工需

要时不时地进行爆破，来移除障碍物和填平路基，当年25岁的G就是在完成这个任务时出的事。当他用一根金属棒将爆炸材料塞进合适地方的时候，爆炸发生了，这根金属棒以锐角从他的左脸颊和左眼穿过，通过了眼窝，刺入了头骨，在左侧额叶的位置撕开了一个大洞，并穿透了头骨上部，等于说是整个脑袋被斜着穿了个“糖葫芦”！

从图中我们还可以发现，G看上去有些“不高兴”，事实上他确实是挺“不高兴”的。事后，G在床上躺了几周，奇迹般的完全康复了，伤口的感染也消退了。他可以走路，说话，动脑筋做算术，长时记忆也没问题，但是，他的人格跟性情完全变了！在事故之前，G很和蔼，稳健，友善，具有领导魅力，伤愈之后，他变得傲慢，固执，冲动，粗鲁，而且很自私！不用说，大脑的损伤让他从一个好人变成了一个混蛋。曾经的同事都不能忍受他了，认为“他不再是G了”。12年后，他去世了。

看来不光是谈钱伤感情，“动脑”也会伤感情哪。那么为什么大脑的损伤会导致人的性情大变呢？这还得从情绪的“身世”说起。

很多人都知道情绪不是凭空而出，却不知道它究竟是怎么“出”的，今天我就在这里带领大家进入“情绪加工厂”的内部，了解一下情绪是如何发生的。

总的来说，要“制造”一份情绪，拢共分四步：

生理唤醒

认知解释

主观感受

行为表达

就拿我们研究得最多，也是最熟悉的一种情绪来举例——恐惧。

假如有一条狗向你狂吠不止，你被这条气势汹汹的狗吓坏了，大脑中负责对恐惧做出反应的部位（比如说杏仁核）就会发出警报：“不好了！不好了！这里有情况！”这一警报同时通过身体内的两大系统（植物神经系统和内分泌系统），向全身广播，你身体的各部分接到警报，立刻进入高度戒备状态：

你胃部的血液会被排空——所以在害怕和紧张的时候，我们会觉得腹部有抽紧的感觉。

面部的血管会收缩——所以害怕会让人脸色发白。

瞳孔扩大，眼睛张大，以接收更多光线——为了更好地看清楚状况。

大脑释放多巴胺类物质，精神高度集中——为了迅速做出判断。

肌肉，尤其是下肢肌肉供血量增大——随时准备跑路啊，亲！

以上就是生理唤醒。

生理唤醒过后，很快，你就会“琢磨琢磨”目前的处境，这就是认知解释。狗叫得这么凶代表什么？它会咬我吗？我如果被咬了会怎么样？受伤会严重吗？会很疼吗？会死吗？实际上你对危险的情况想得越多，你就会变得越害怕。要不怎么会有“后怕”一说呢——不想不知道，一想吓死咯。

当你“想明白了”以后，你就会全身心地“浸入”到浓烈醇厚的恐惧感之中，真正体验它的峰值。这就是主观感受。这时你的大脑也许还会回忆起以前碰到恶狗时的感受，让你的恐惧感更上一层楼！

最后，情绪还能产生行为。

碰到恶狗以后，你会做出“或战或逃或呆若木鸡”的反应。这就需要考虑你其他方面的情况了：

假如你是一个身强力壮的人，你可能会选择迎战——冲上前去将狗暴打一顿："敢吓老子！老子捶死你！"

如果你不那么强壮，但身体素质也不错，可能你会选择转过身撒丫子就跑："君子报仇，十年不晚，先跑出去10千米再说！"

再如果前面两个能耐你一个都没有，经这一吓，你可能会因为下半身供血不足，瘫倒在地，放声大哭起来："妈妈救我呀！"

讲起来，这四个过程很漫长，实际在发生的时候，几乎就是瞬间一气呵成！

到这儿，大脑的损伤是如何对情绪产生影响的就显而易见了。

还是拿恐惧来举例：如果杏仁核"坏"了，你可能在遇到危险时身体根本就没有反应；如果在"认知解释"出问题了，你便意识不到情况的危险性："随它叫！"这两步无论哪一步出现问题，你就自然体验不到"恐惧"的滋味，也不会做出相应的行为了。

"恐惧"是如此，高兴、愤怒、嫉妒等情绪也是一样，就不在这里一一举例了。

我们要情绪做什么？

大脑打出了视觉的"火花"，是因为人们需要捕捉外界的信息，大脑打出了记忆的"火花"，是因为人们需要利用外界的信息，这两个怎么说也算得上是"刚需"！

那么大脑要情绪来做何用呢？有人会说："情绪可以用来躲避危险啊！"如此说来，那人类仅需要恐惧一种情绪就可以了，为什么还有幸福、悲伤、尴尬和其他情绪呢?

要说这就是我们人类进化到高级层次的产物了，因为情绪有一个不太为人所知的功能——道德判断!

来看下面的情况：

“电车困境”

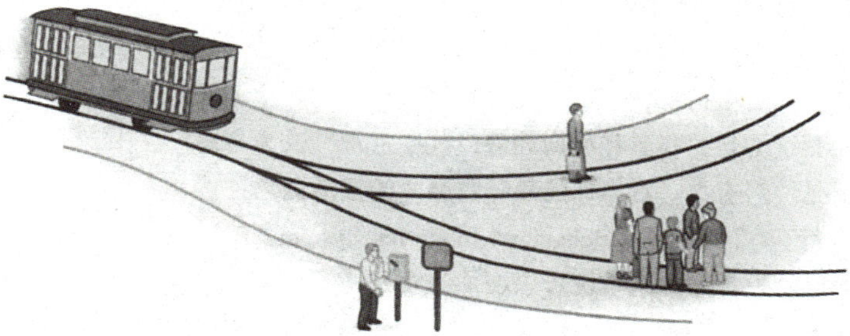

假设你是有轨电车扳道工，这时，一辆有轨电车刹车出了故障，正全速开往一个岔道口，但是前面轨道上站着5个人。唯一能保护这5个人不受伤害的方法是扳道岔，但是这样会压死另一条轨道上的一个人。

这时你会怎么办?

“天桥困境”

你站在电车轨道上方的人行天桥上，看到一辆有轨电车失去控制，加速开往正站在轨道上的5个人。站在你旁边的是个大块头男人，他正靠着栏杆，探出身子，看着电车呼啸着开向那5个人。如果你突然走近他，稍微推他一下，他就会从天桥上掉下去，落在电车前方的轨道上。因为他的块头很大，所以他可以阻止电车撞死那5个人。

你会把这名男子推下天桥吗？还是让那5个人死亡？

“救生艇困境”

你和5个人坐在一个救生艇上，但是救生艇上人太多了，救生艇开始下沉。这时，你如果把一个人推下救生艇，救生艇就会停止下沉，其他人就会得救。

在这种情况下，你会把一个人推下水吗？

“医院困境”

假如你是一名外科医生，你的5个病人不进行器官移植的话，很快就会死去，而每个病人需要移植不同的器官，你又找不到可以捐赠器官的人。这时，来了一个来访者，他刚好和5个病人的组织类型相匹配。你会杀了这个来访者，用他的器官来拯救那5个人吗？

在“电车困境”、“天桥困境”和“救生艇困境”中，很少有人会选择通过牺牲一个人的生命来挽救他人，也几乎没有人同意在“医院困境”中通过杀死一个人，来给其他5个人进行器官移植。

“天桥困境”、“救生艇困境”、“医院困境”和“电车困境”的结果都一样，都是“弃一保五”，那么为什么人们的选择都是“不”呢?

抛开上面假设的情境，在现实中情绪对我们道德抉择的影响也比比皆是，最明显的，是在战争中。

第二次世界大战期间，美国陆军准将马歇尔（不是那个著名的马歇尔将军）进行了一项调查，询问了上千名刚刚参加过战斗的美国士兵。他的结论令人震惊：只有不到20%的战士真的朝敌人开过枪，即使是在自己受到攻击的情况下。马歇尔说：“害怕的是杀戮，而不是被杀，这是战斗失败最常见的个人原因！”当士兵被迫面对有可能对别人造成伤害的情境时，就相当于进入了我们上面提到的困境中，他们需要做道德上的选择，而情绪却让他们下不了手！所以正像马歇尔说的：“在战斗生死攸关的时刻，士兵却为了良知‘拒绝’参战。”

这些研究成果于1947年发表后，美国陆军意识到了问题的严重性。为了提高“开火率”，美国陆军立刻调整培训方案，新兵开始无休止地练习“杀人”——哪里是要害射哪里。久而久之，士兵对杀戮感到麻木，并形成条件反射，一见到敌人就开枪绝杀。同时，军队也开始调整战术，比如多使用高空轰炸和远程大炮，这样就避免了士兵直接面对死亡——“从4万英尺的高空投掷炸弹，谁能看得到地面上是什么光景。”

这些新的训练方式和战术成效显著。士兵们开枪时再也体验不到强烈的情感刺激，他们被训练成了“杀人机器”。

亦敌亦友

正常人的大脑中既有情绪脑的存在，也有理性脑的存在，可以说是各占半壁江山。很多人认为情绪和理性应该是相互对立，有你没我，水火不容！而且更多的人不看好情绪脑，认为情绪化是魔鬼，会带来不可预估的灾难性后果，比如下面这个例子：

燎原的情绪

美国蒙大拿州1949年的夏天漫长而干燥，树枝草地随时都可能被点燃。8月5日是该地区有天气记录以来最热的一天，下午，一道闪电点燃了一些树枝，火势蔓延开来……

故事就从这里开始了。

一队空降森林消防员被派去灭火，领头的是瓦格·道奇，以下简称D，他是一个有着9年消防经验的资深消防员，也是这个故事的主角。

着火的地方是曼恩峡谷附近。

曼恩峡谷是两种地形的交汇之处——落基山脉和大平原，大火是从落基山脉那边烧起来的，消防队员到达的时候，大火已经失去了控制。D感觉火势不妙，可能要封顶——火焰高到吞没山顶最高的那棵树。一旦出现这种情况，大火没有更多的东西燃烧，会迅速释放大量能量，高温的余烬将漫天飞舞，天上下起“火雨”，火星将四处喷落，就像火山爆发一样。所以D赶紧带领着消防队员们下到峡谷中，向对面的草原和有水的方向前进。

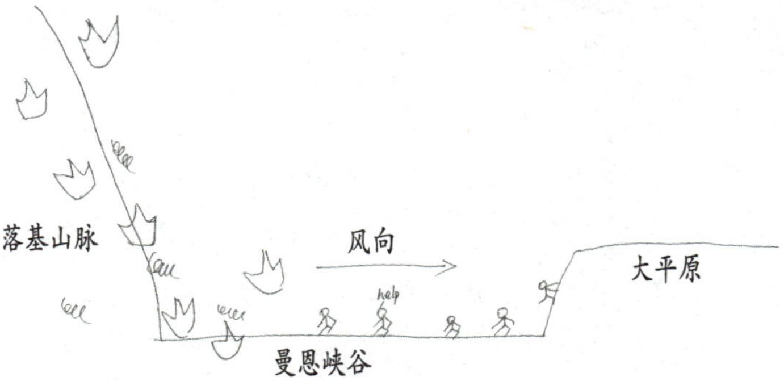

当时是下午5点，这个时候在野外灭火很危险，因为黄昏时分风往往会突然转向。果不其然，风向突然间转向，大火朝消防队员呼啸而来。消防队员们迅速扔下身上的装备，开始奋力向对面的草原奔跑。这个时候来了一股上升气流，风力更大了，大火以每小时30英里的速度向消防队员们扑来，焚毁了遇到的一切——大火的中心温度超过2000度，足以熔化岩石。

消防队员们开始沿着异常陡峭的峡谷谷坡往上跑，试图登上对面的谷肩，逃过这一劫。但是因为热空气是上升的，所以大火在谷坡上的蔓延速度远比在平地快。当坡度为50度时，火势的蔓延速度为平地上的9倍，而曼恩峡谷谷坡的坡度为75度。

风向刚刚逆转的时候，大火离他们还有200米远。跑了几分钟后，D回头一看，发现大火离自己不到50米了，而且还在不断快速逼近。而空气里的氧气逐渐被大火吸干，开始缺氧了。这时，D意识到跑不过大火了。——山太陡，火太快。

于是D停了下来，大火离他越来越近，他却站在原地动也不动。他开始朝队员们喊：“停下来，别跑了，都停下来！”他知道他们正在奔向死亡，不到30秒钟，大火就会碾过他们，就像一辆呼啸而过的火车。但是没有人停下来。也许是因为大火的轰鸣声震耳欲聋，没人听见D的喊声，也许是因为他们不能接受“停下来”的想法。面对尾随而来的大火，跑都来不及，D却让队员们停下来，“看来真是被吓傻了”。

实际上，D是灵机一动，想出了一个逃生的方法。他迅速划了一根火柴，在前面的草地上放了一把火。这把火烧出了一片空地，他走了进去，躺下来，身子紧贴地面，用打湿的手帕捂住口鼻，费力地呼吸着地面上稀薄的氧气。然后，他等着大火绕过他。恐怖的几分钟后，D从灰烬里爬起来，他活了下来！

这场大火中，有13名消防队员丧生。除了D，全队只有两个人幸存下来，因为他们两人在山坡上发现了一处浅浅的裂缝，躲了进去。正如D预料的那样，没有人跑得过大火。——每个消防员丧生的地方都插着一个白色的十字架来做悼念，而所有的十字架都在谷肩之下。

D在火灾中用到的逃生办法，现在是一项标准的消防技术，挽救了无数被突然转向的大火围困的消防员。不过在当时看来，他纯粹是在“发疯”，他的队员们一心想着怎样逃离火海，他却又放了一把火！一名有着多年消防经验的幸存消防员后来说：“当时我看到D停了下来，我认为他疯了，完全疯了！”

但是D的头脑非常清醒，在紧要关头，他做出了最明智的决定。至于说他为什么会这么做，一部分归功于他的经验，因为当时多数消防员只是十几岁的实习生，只灭过几次火，没见过这么大的火，而D却是个灭火老手，他知道森林大火是什么样子。而另一部分则归功于他用理性的思考战胜了大火带来的恐惧感！如果不是这样，D会像其他队员一样，明知谷肩遥不可及，却只顾本能地逃命：都见鬼去吧，我要跑到谷肩，我要逃出去！

如此看来，“情绪脑”还真是个坏家伙，干脆我们把它丢掉好了！那么看看接下来会发生什么：

疯子是只剩下理智的人

G还是一个孩子的时候，他喜欢折磨动物。他经常用钢丝夹子捉老鼠，然后用剪刀把老鼠活生生地剪开。鲜血和内脏丝毫没有让他心烦，叫声也没有让他难受，虐待是一种享受。

长大后，G成了一名成功的商人，他热心公益事业，不断地帮助困难家庭，同时还是一个典型的好丈夫、好父亲。

但是，这种正常的表象只是G精心编织的假象。一天，G的妻子闻到地下室散发出刺鼻的气味，G说可能是一只死老鼠或者污水泄漏，他买了一袋50斤的石灰，试图清除异味，但是没用。他用水泥把地下室重新填涂了一遍，也没用，气味总是在空气中若隐若现。地下室里有些不好的东西。

气味来自于腐烂的尸体。

1980年3月12日，G因谋杀33个男孩儿被判刑。他给那些男孩儿钱，让他们提供性服务，性交易结束后，他就在客厅杀死他们。他用袜子塞住他们的嘴，用绳子把他们勒死，三更半夜把尸体抛掉。最后，警察搜查G的家，发现到处都是骨骸：车库里，地下室里，后院里……尸体埋得很浅，只有几英寸深。

G是个精神病人。事后，精神病医生对他的研究发现，G的记忆没问题，智力也完好无损，能够正常地使用语言，还能把事情安排得井井有条：G在犯罪前的准备工作非常细致，这也正是他逍遥法外那么长时间的原因。

唯一致命性的缺陷是：他的情绪脑坏了！所以他无法体验到遗憾、悲伤和喜悦，也从来没有发过脾气，或者感到特别愤怒，他的内心世界只有性冲动和冷酷的理性。

这种“情感无能”正是精神病人的典型表现。正常人看到陌生人受到折磨的视频，会心受煎熬，目不忍视，手心开始出汗，血压开始上升。但是精神病人什么感觉也没有，好像看到的是空白画面。正常人撒谎时会表现出典型的紧张症状，测谎仪就是通过测量这些症状来工作的，而精神病人却总能骗过测谎仪，他们可以脸不红心不跳地撒谎。犯罪学家研究那些用极其残暴的手段殴打妻子的罪犯发现，随着他们的攻击性变强，他们的血压和脉搏反而下降了——越暴力越镇定。

如此说来，只有情绪和没有情绪都是不行的！情绪和理智就像太极图案中的黑与白，没有黑就没有白，没有白也没有黑，是互相制衡，互相平衡的。还能不能和情绪“一起愉快地玩耍”，取决于如何掌握这个度！

Part 4 >>>

“行尸走肉”——意识的火花

一路下来，我们说了视觉、记忆和情绪，最后，我们再来说一说人类大脑最“高精尖”的层面：意识！

什么是意识？

当被问道“你喜欢啥样的人”时，你经常会听到人们这样回答：“我也不知道喜欢啥样的，但是，我知道自己不喜欢的和没感觉的是啥样的！”那么，很简单，排除了不喜欢的和没感觉的，剩下的就是喜欢的了。所以在这里我也突发奇想，我们先不讨论意识存在时是什么样，来说说意识消失了会是什么样？

一秒钟变“僵尸”

当我们体内的意识消失后，就只剩潜意识在工作，这会儿我们真就变成了僵尸了。

从某种意义上说，僵尸的行为就像是一些反射：有东西突然靠近眼前你要眨眼，呼吸被堵住你要咳嗽，灰尘使鼻子发痒你要打喷嚏，出乎意料的噪音或者突然的运动会吓你一跳……意识在的时候，我们会这么做，意识没有了，我们也会这么做。因为这些反射动作是自动进行的，非常迅速，仰仗于人脑中的潜意识系统。但是区别就在于，假如意识存在的话，我们会有情绪上的反馈："浑蛋，差点儿进到我眼睛里！""啊呀，憋死我啦！""打个喷嚏好爽！"……

但意识消失的话，这些动作只是机械的行为，不会带来任何意义。

看到这里有人会说："作者，我感觉人如果没有意识的话，那是连看都看不见的吧，还能'反射'什么？"

其实这个在《重口味心理学2》中讲潜意识的时候有提到过，视觉在意识里存在一部分，在潜意识里也存在一部分。这一点跟上面提到的记忆是一样的——记忆分为外显和内隐。

接着说。

和美剧里的僵尸不一样，我们变成僵尸后走起路来不会踉踉跄跄，左摇右晃，像下一秒就要摔倒在地上似的。因为潜意识也能帮我们控制头、肢体和躯干的姿势：当我们在人行道上一大群行人中穿梭而过时，我们的躯干、腿和胳膊不断地进行调整，以使我们保持挺直，而且不会碰到其他人。这些动作无须刻意去想，就自然做得出，在时间上也配合得非常精确，同时要求神经和肌肉协调得非常好。如此出类拔萃的表现，现在还没有一种机器能做到。

如果说走，还是可以正常地行走，但是要说走向哪里，那就不知道了，因为我们没有意识就没有思维，没有目标。那么走过哪里了呢？也不知道！倒不是说没有记忆，而是没记住！因为没有意识就体会不到意义，没有意义的信息就很难被储存到长时记忆中，所以"转瞬即忘"！

再看下一个例子。

在大学里住过校的女生都知道，同一个寝室的女生们往往会有同步的"大姨妈"——大家都在同一个时间段来月经，挺神奇的！这是为什么呢？有人做过一个实验，把女孩儿A腋下的没有气味的化合物涂在另一个女孩儿B的嘴唇上，为的是让B闻到这个气味。结果B的月经周期就自动缩短了，开始变得跟A同步。

B闻到的这种化合物就是外激素！这种外激素多分泌在腋下——男性的腋窝分泌睾酮之类的物质，女性则分泌类似雌激素之类的。需要明确的是，外激素不是腋臭！它是人们身体表面分泌的一种容易挥发的物质，可以通过空气传播无意识的信号，让对方在"冥冥之中"就受你的影响，在生理上发生变化，比如性欲高亢、生理期同步等等。

即使意识消失，我们仍然能"闻"到气味，但是对于闻到的气味我们无法描述，无法记忆，更无法识别。

上面"僵尸"的例子告诉了我们一件事：一方面，意识的消失不会影响大部分感觉和知觉的存在，"没有你我也能活"；另一方面，意识消失后，感觉和知觉看上去都“怪怪的”，好像少了点儿什么，“没有你我活不好”！

那是少了点儿什么呢？如果你足够聪明，便会发现：缺少的正是“联系”！也就是说我们的感觉、记忆、情绪等，在意识“缺席”的情况下，它们之间都是各玩各的，“老死不相往来”！这就可以解释，为什么“僵尸”们看到某件事情后不会产生情绪上的反应。而情绪上没有反应，就自然很难有意义，被记忆。所以当我们变成僵尸，整个人就浑浑噩噩，整个世界也是空洞的。

如此说来，意识相当于心理的一个“会议室”，在这里，感觉可以和记忆、情绪、动机等其他心理过程联系起来，这样人们看到书上文字的时候就可以在记忆中搜索其含义，看到朋友的时候会将其与愉快的情绪联系在一起！

意识的“大将”

那么意识是通过什么起作用的呢？

这里我们先来做一个实验：

A
Z V
W R
B X G
N K
F P
J

请你盯着这幅图中心的字母X，眼睛不要动。然后从右侧的字母G开始，顺时针一步一步移动你的注意，看看你能否在不移动眼球的情况下看全图中的字母？

实际情况是，你可能会同时看到字母R、G、K，但绝不可能同时看全所有字母。不是说你视力有问题，而是你注意不到它们！

这个“注意”就是意识的大将，意识要想获取外部的信息，全靠它！很简单，我们每天要面对的外界信息真称得上是海量，听到的，看到的，闻到的，碰到的……这些信息中，只有被“注意”选上的才能送往意识那儿进行处理，然后在我们的大脑中转化成有用的信息。这种情况就好比海选或者招聘，本来只有一个岗位，却有成百上千的人来面试，我们只能挑选出一个最合适的人来任职。“注意”的存在，就是为了避免意识被信息的海洋淹没。

在通常情况下，“注意”是很称职的：“意识让我选谁我就选谁。”但是在某些情况下，比如大脑受到了损伤，“注意”可就不那么给力了，比如下面这样：

忽视症

很多大脑右半球损伤的患者会患有“空间忽视症”——忽视左侧躯体或物体（左半球损伤很少会导致对右侧的忽视）。患有这种病的人注意不到他左边的对象，也不会去探究空间的左半边，因此他会撞到左边的门框，不吃盘子中左边的食物，如果有人从左边走近他，他就注意不到，他还会走进女洗手间，因为他漏看了“WOMEN”的头两个字母。

忽视不是看不见，当你问他看到的物体是什么时，他总能准确地回答上来，说明他是能看到整个图形的。但是当要求他划掉图形时，他却只能划掉右边部分，左边部分被无情地忽视了。如下图：

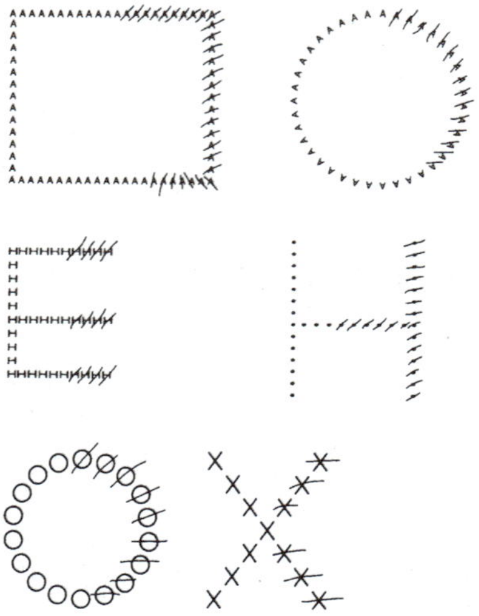

变化盲

当我们玩《大家来找茬》游戏的时候，会有两张看上去几乎相同的图像摆在你面前，只有其中某几处不同，而有时候我们就找不到。这就是“变化盲”。

魔术就是利用了我们“注意”的这个缺陷来瞒天过海的。比如说，在魔术中总会配有一个穿着闪亮诱人衣服的漂亮女助手，她的一举一动会吸引我们的注意力，或者魔术师会做出幅度夸张的动作，让我们走神。就像我们一个人不能同时听两首歌一样，人的注意范围是有限的，因此当我们的注意力被分散之时，也就是他的魔术成功之刻。

外面一个世界，里面一个世界

下图是伊藤润二的漫画《鱼》里的人物形象。

《鱼》讲的是日本在二战时研制病毒无果，于是将病毒遗弃在了一座无人小岛上，后来，泄露的病毒附在鱼的身上，鱼发生了变异……

变异后，鱼长出了机械脚，肉身开始腐烂膨胀，并放出恶臭瓦斯。而机械脚就靠着瓦斯做能量行走，并登陆上岸！鱼的肉身烂光以后，机械脚又开始寻找新的能量来源，比如说人类！

从图里我们可以看出，机械脚分别用几根管子插入人的身体，靠人体喷出的臭气运行。这个作品是对人类造成的环境污染的一种暗讽，看上去真可谓是光怪陆离，想象力极其丰富。

还有小说《鬼吹灯》中提到的“火瓢虫”：

大个子用工兵铲轻轻地挖掘地上的泥土，挖了没几下，忽然从他挖的土坑中，飞出来一个蓝色的大火球，个头有篮球大小，在半空盘旋两圈，一下子就冲进了人群里，小分队的成员们急忙纷纷闪避。

火球落在地上，蓝色的火焰逐渐熄灭，原来是一只奇形怪状的小瓢虫，全身都像是红色的透明水晶，翅膀更是晶莹剔透，可以通过透明的甲壳依稀看到里面的半透明内脏，其中似乎隐隐有火焰在流动，看上去说不出的神秘诡异。

大伙对望了一眼，都想问这是什么虫子。但是谁也不可能给出答案，大概是尚未发现的物种。王工好奇地靠了过去，推了推架在鼻梁上的深度近视眼镜，激动地用两只手指把像红色火焰一样的瓢虫捏了起来，小心翼翼地仔细观看。然而就在此时，他和瓢虫接触的手指被一股蓝色的火焰点燃，顷刻间，熊熊烈焰就吞没了他全身，皮肤上瞬间起满了一层大燎泡，随即又被烧烂，鼻梁上的近视镜烧变了形掉在地上，他也痛苦地倒在地上扭曲挣扎。

“变异鱼”也好，“火瓢虫”也罢，这些都不是外界真实的存在，而是源自我们内心的想象。

说到想象，我们就已然到了整个大脑最高级层面——创造！意识允许我们以真实世界为基础，在头脑中创造出一个可以操控的虚拟世界。这也是我们人类跟其他生物的最大不同：我们不受当下环境的局限，不是简单地对刺激做出反应，而是可以利用记忆在头脑中创造一个模型，可以通过这个模型回想过去的场景，模拟未来的景象，还可以在现在的场景中天马行空，恣意而为。

正是因为意识有这种特性，你才能将这本书中的内容跟自身情况联系起来。再比如，当你不喜欢你朋友的打扮时，你不会做简单的反射——直言相告，你会在脑海中掂量一下，看怎么说才能既达到目的，又不伤害你们的情谊。

至此，所有关于大脑“火花”的内容就全部说完了！大脑是怎样“高大上”的，又是怎样“矮胖挫”的，已经一目了然。

大脑就跟世上的任何一台机器一样，做不到十分完美。造物主就是这样，当给你显而易见的优势时，弊端也会随之而来，它们两个总是相互制约。但是很多人却仍在不停地苛求“完美”：希望自己长得好，还要有才华，有钱，有闲，还有爱情……可是他们却忘了，人生来就是不完美的，连组成你身体的核心——大脑都有如此多的缺陷，又何必苦苦追求那本不存在的“完美”呢？

在这一点上，大脑的做法绝对是你的人生榜样：

还记得前面说过的我们眼球的结构吗？

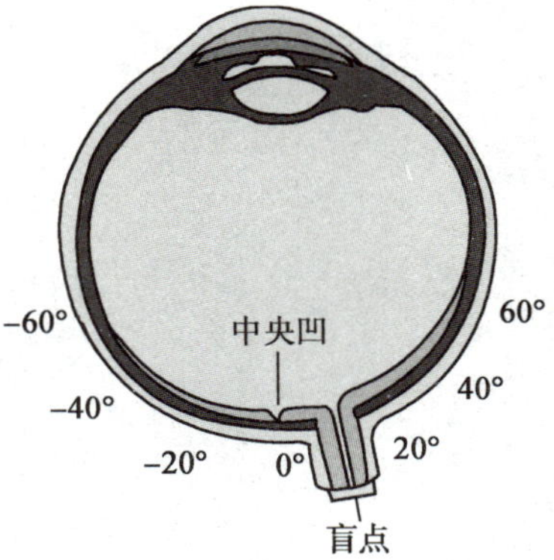

在中央凹的地方感受器最多，所以看东西最清楚。但是在离中央凹不远有一处地方，叫盲点，这里是没有光感受器的，因此不能成像。但是我们平时看东西的时候是感觉不到盲点的存在的，只有在特殊的实验中才能让它现出原形。这是因为大脑用它超凡的信息处理能力，根据盲点附近的图像信息，将盲点上的图像自行脑补了！盲点依然存在，可是我们并不受影响。

大脑这么做，就是在告诉我们：人要想活得舒坦，不在于如何隐瞒和消除缺点，而在于如何放大和利用优点；不在于追求尚未得到的，而在于珍惜已经拥有的！

第三篇

当动物星看着你的时候，它们在想什么？

Hardcore
Psychology

重口味心理学 3

很多动物星人的锥体细胞要比人类少得多，看不到人类能看到的丰富多彩的颜色。比如鸟星人能够看到紫外线、蓝色、绿色和红色，灵长类动物星人可以看到蓝色、绿色和红色三种颜色，其他的大多数哺乳类动物星人只能看到蓝色和绿色两种颜色，几乎所有的动物星人都看不到黄色。

但是它们的棒体细胞非常发达，所以夜视力出类拔萃，对事物的光线变化、明暗对比更加敏感！这也就意味着，对动物星人来说，黄色是非常“亮”的颜色，任何黄色的东西都会刺激它们的视觉，比如黄色的雨衣和器械。

地球并不只是人类的天下，其实有许多外星人生活在我们当中。它们平日并不露痕迹，或是杂货铺的老板，或是餐馆的大厨，又或者是街头的小混混。但在特殊情况下，它们便会脱去“人形外壳”，现出自己的真身——一个个形态诡异，似虫似鱼又似兽的“怪咖”。它们一直在不同的方面参与着、影响着人类的生活……

以上是电影《黑衣人》中发生的情况。

而在我们现实生活中，会不会也存在类似的情况呢：有一群“外来物种”，它们就潜伏在我们周围，暗中观察着我们的生活，模仿着我们的举动，并试图以各种方式接近我们……

这样想来，地球上的动物不就是最真实的“外星人”吗？它们长得跟我们不一样，语言跟我们不一样，思维方式也不一样……却又与我们的生活密切相关，无论是在家里、马路上，还是市场中，都可以看到它们的身影。它们看上去是那样“神秘又无辜”，作为地球星人的我们对它们又了解多少，忽略了多少？

如果我们人类不想被蒙在鼓里，就有必要来好好研究一下身边的这些“外星人”——“动物星人”！

Part 1 >>>

动物星人的“世界观”

一个灯泡引发的大事

据可靠报道，最近位于地球某处的一家养牛场发生了一件大事，说出来都要吓死人了！什么大事呢？我们都知道在养牛场有一种装置叫固定架，是用来固定“牛星人”的。将它们固定在其中，才方便人类对其“动手动脚”，比如挤奶啦，打针啦什么的，而且这样人类也能避免自己被踢飞。在固定架和牛圈之间有一条通道，通过这条通道，牛星人才能顺利地进入固定架。这件大事就是，这个养牛场的牛星人坚决不肯进入这条通道！

有的人会说，开玩笑，这也叫大事？殊不知，像人类小孩儿需要接种多种疫苗，来预防小儿麻痹、百日咳什么的，牛也非常容易患上病毒性痢疾和肺炎一类的呼吸道疾病，需要及时接种疫苗。如若不然，一头牛发病，整个牛群都会被传染，搞不好最后会全部“死球球”。至少这对牛场主来说，是件天大的事了吧！

事情到了这个地步，有人提议用电棒电击牛，刺激它们不要闹了，赶紧“滚”进通道。但是电击会让牛星人感到有压力，压力会使它们不开心，不开心，免疫系统水平就会下降。于是产奶的牛不怎么产奶了，产肉的牛也不怎么长肉了，它们也变得更容易生病了。这对牛场主来说分分钟都是口袋里掉钱，心上割肉的事。而且电击还会使牛星人因为恐惧而后腿站立，这对饲养员来说非常危险，搞不好就会被压成肉饼。人们围着通道左看右看，也没发现什么异样，因为全世界的养牛场用的几乎都是这种通道，什么问题也没有，怎么今天在这里就不行了呢？

难道牛星人知道进入固定架后要被打针，所以畏惧不前？这个说不通啊，因为多数的牛根本就不知道它们接下来要接受注射，再说，许多动物星人根本就感觉不到注射时的刺痛。

那么，该怎么办？

这时，牛场主请来了一位专家。这位仁兄来到现场，只见他在牛圈和通道之间来回踱步，一会儿抬头瞅瞅，一会儿弯下腰看看，很快，他就得出一个令众人不可思议的答案：通道里光线太暗了！

农场主马上挺身而出质疑了他的说法：“怎么可能呢，亲？我经营牛场这么多年，都知道像牛这种食草性动物最喜欢黑暗了，因为黑夜给了它黑色的保护，不容易被其他动物发现吃掉。黑暗给了它们安全感，至少比在亮的地方有安全感！”

专家回应道：“你说得没错，但是我话没说完，这里的问题不是黑暗本身，你懂不，而是忽然从明亮的地方走进黑暗的地方，这种反差太大了！”

于是这里出现了两个概念：**暗适应和明适应！**

暗适应：亮——暗

暗适应是说，我们从明亮的地方忽然进入黑暗的地方，眼前一下子一片漆黑，啥都看不见了，过一段时间后，眼睛才慢慢能看清黑暗中的物体。比如我们从阳光灿烂的室外进入黑暗的电影院，或者在晚上从明亮的室内走到室外，都会发生这种情况。整个暗适应的过程要持续30~40分钟。

明适应：暗——亮

明适应跟暗适应正好相反，是说我们忽然从黑暗的地方来到明亮的地方，眼前一下子什么都看不见了。比如说我们看完电影从电影院里出来，会觉得外面的光线太耀眼了，什么都看不见，但很快就适应了，恢复了正常状态。明适应的过程很快，大概5分钟就可以搞定。

现在整个问题的答案就明朗了：

虽然牛在夜里的视力很好，能在黑暗中看得很清楚，但是让它们出现问题的就是这虹膜扩张之前几秒暂时失明的经历，也就是我们上面提到的“暗适应”。并且相较于我们人类居住的室内有电灯，晚上还可以开车到处跑而言，它们的字典里没有“眼睛适应光线的忽然变化”这个概念，完全不懂什么“暗适应”、“明适应”。一遇到两眼一抹黑的情况就彻底蒙圈了：“啊呀，怎么啦？出什么事啦？是不是有危险哪？”

其实，人类本身也不喜欢这种光线忽明忽暗的变化，但是牛星人对此要敏感得多！

这位专家的解释也得到了印证，牛场主事后回忆，牛星人这种“止步不前”的情况在晚上没有发生过，阴天的时候也没有，只有在天气晴朗时才有，但以前却一直没人注意到这个规律。

最后问题很快就被解决了：只需要在通道中装一只灯泡。

这件事情至少告诉了我们三点：

- 动物星人眼中的世界跟我们人类的不一样！
- 动物星人跟人类有很多共同之处！
- 想了解动物星人，必须站在动物星人的角度才可以！

那么它们面对的世界与我们看到的究竟有什么不一样呢？下面我们就一一道来。

成也细节，败也细节

还得继续说上面那位专家，你以为他只处理过一个这样“棘手”的案例吗？事实是，他经常被邀请在各大农场间“救火”，先后解决过：

猪星人不肯通过通道，因为地面有水，反射的光刺激到它们了；

牛星人怔在原地一动不动，因为在它前方的地面上有个小塑料杯……

诸如此类，总结起来能“震慑”住动物星人的东西有：

- 光滑金属片的反射

- 来回摆动的锁链
- 挂在栅栏上的衣服
- 飘动的塑料纸
- 缓缓摆动的风扇
- 亮闪闪的水洼
- 前方有人活动
- 地面材质的变化
- 不同设备之间颜色的反差

……

现在，不仅专家本人，甚至我们自己都忍不住要问：这些动物星人怎么这么多事儿……为什么我们人类通常注意不到这些问题？

这些疑问的答案将指向一个结果，也是动物星人与我们人类“世界观”的巨大差异：

太注重细节！

还是回到农场里，如果让人类通过动物星人所走的通道，恐怕上面它们害怕的东西一个也不会对我们起作用。无论是晃动的链子、亮闪闪的水洼，还是金属板的反光，全是浮云！我们完全不会把它们当回事，置之不理，大步向前。

这说明我们人类非常粗枝大叶吗？错了，是我们压根儿就注意不到它们！

来看下面这个试验就知道了，试验的名字叫“我们中间的大猩猩”。试验内容是给受试者看一场篮球赛的视频，并让他们数出一共传了多少次球。视频放了一会儿后，正当每个人都全神贯注于计算传球次数的时候，一个装扮成大猩猩的人出现在屏幕上。“它”停下来，转过身面对镜头，还用拳头拍打自己的胸口：“欧蕾，欧蕾！”

结果，竟然有50%的人没有看到这个“大猩猩”。你问他们：“嘿，看到大猩猩了吗？”他们只能回答：“哪儿来的大猩猩？我们正看球赛呢！”

这个实验的结果印证了刚才的结论：除非人类专门注意，否则眼前的一切都可以是不存在的，对于不注意的事物视而不见！

再来看另一个试验：研究人员让飞行员进入一个飞行模拟器，进行常规的着陆训练。但有时研究人员会把一架巨大的飞机的画面放在跑道上（在现实中飞行员几乎不会遇到这种情况，否则就……），试验结果是，有25%的飞行员将飞机停在了这架飞机上！这简直是要机毁人亡啊！

那架停在跑道上的飞机如此巨大显眼，不可能看不到啊，可为什么还是有25%的飞行员硬是给压了上去？这是因为正常人感知系统的结构就是为了使其看到司空见惯的事情。如果他们习惯在比赛中看到大猩猩，在跑道上看到飞机，就会看到；如果他们没有习惯在比赛中看到大猩猩，在跑道上看到飞机，就看不到。这也是所谓的“不注意盲视”！

对正常人来说，环境中几乎没有什么东西会自动映入眼帘，也就是说实际上人类眼中根本就没有完全新奇的事物。我们看见的，都是我们想看的，如果不想看，就看不见！如果现实世界中的所有细节都被人类

“收录”到，不加选择，那信息量也太大了，岂不是要将大脑挤爆？所以“视而不见”（不注意盲视），也算得上是人类特有的一项“生存本领”，可以用它来躲避尘世间的琐碎烦恼，“眼不见，心不烦”。

看到这儿有人要说，你这个说法不对，按照你的逻辑，人类岂不是没有烦恼了？尽管我不想看到，但我常常还是被各种事情烦扰，有的时候甚至躲闪不及，树欲静而风不止啊。那么下面，针对这种说法的解释似乎就要上升到哲学的高度了：人类生来就只能看到自己想看到的东西，要是你还在为不愿意面对的事物烦扰，只能说明在你的潜意识，或者内心深处，你还想看到它！所以，尘世间的烦恼不是别人给的，实则庸人自扰之！

再回到动物星人。

跟人类完全不一样的是，“细节看不到，动物星人做不到哇”！要看到某样东西，动物星人没有必要非得专门去注意它，无论愿意与否，像晃动的链子这样的东西，都会自动映入它们的眼帘，紧紧抓住它们的注意力，让它们欲罢不能！动物星人可能根本就没有“不注意盲视”，即使有，其程度也没有人类那么严重。跟人类比起来，动物星人观察到的世界更接近实际，而不是像人类那样把构成这个世界的细节转化成了一种概念，然后认为实际看到的就是这种概念。动物星人能够看到人类看不到的细节，因为在它们眼中只有细节！

这样一来，却也显现出了大自然的正反两面性：

正面：动物星人比人类更“明察秋毫”，对人类来说无聊的世界，在它们眼中却是精彩至极！

反面：事无巨细，没有选择性的注意能力，会让动物星人过度敏感，常被眼前琐事禁锢。

我左眼见到“鬼”……

人与动物眼中的世界的第一个差异就说到这儿，为了更好地了解更多差异，我们也来模仿电影《我左眼见到鬼》，电影中主角的左眼能看到鬼魂，那么我们暂且将左眼换成动物星人的眼睛，用它们的视觉系统来重新感受一下自己生活的世界吧。

就先拿“汪星人”来举例好了。假如我们是一个视力正常的人，左眼被换上了狗的眼睛，很快我们就会发现两只眼睛的视力不一样，狗眼比人眼差了好多。狗的视力在白天真的很模糊，就像得了近视眼，难怪人们要说“狗眼看人低”。比方说，人站在15米远就能看到的东西，狗要站在5米远才能看得到，很多时候几乎要凑上去。

难道汪星人真的是近视眼？

其实不然。人类的视网膜上有锥体细胞和棒体细胞，汪星人也不例外，区别就在于，汪星人视网膜上的锥体细胞要比人类少。这会产生什么效果呢？

因为锥体细胞是“昼视工具”，用来在白天看东西，它主要负责感受物体的细节和颜色；而棒体细胞是“夜视工具”，在晚上才发挥作用，主要负责感受物体的明暗。锥体细胞少了，在白天看东西就变得困难，所以汪星人看任何东西都没有人类看得清楚，即使东西就在它鼻子下面。有时候，你把食物丢在地上让它吃，它却置之不理，你还在纳闷，是不是食物出了问题？而对方却是：“对不起，压根儿没看见！”尤其是食物落在了铺着杂色地砖的地面上，真是要难为死汪星人了！只有在某些情况下，汪星人的表现会好一些，比如它们看到了食物落在地上的过程。当然，也并不是所有汪星人的视力都那么差，这只是相对人类而言。

造物主之公平就在于，在一方面削弱你，在另一方面就让你变得更强。因为眼睛上的棒体细胞特别多，汪星人的夜间视力要比人类好得多。如果你顶着这只“狗眼”待到晚上，你会发现简直太神奇了，世界都颠倒过来，人眼发挥的作用很小，而每一处细节无不在左眼的捕捉范围内！

与这种情况类似的动物星人还有很多，比如喵星人。下图就是白天人类和喵星人看到的物体的区别：

我们可以看到，相比人类看到的光亮鲜艳的世界，喵星人眼中的世界则是雾蒙蒙和模糊不清的。（此为黑白效果。）

但是到了晚上，可就大不相同了：

虽然在喵星人的世界中一切还是灰蒙蒙的一片，但呈现出的细节与光

亮程度可是比人类好多了。据研究，喵星人的夜间视力足足比人类好上6至8倍！所以，如果以前你还以为半夜起床上厕所不小心踩到喵星人的尾巴可以蒙混过关，现在可要小心了，因为一切尽在喵星人的掌握之中："哼，别以为我看不见是谁干的！"

上面说到锥体细胞主要负责感受颜色，那么汪星人和喵星人的锥体细胞又很少，所以有人认为汪星人和喵星人完全分辨不出颜色，在它们的世界里只有灰色。是这样的吗？

实际上，能不能分辨颜色并不完全取决于视锥细胞的数量，还取决于它的类型！人类有三种视锥细胞，通过它们的配合，人能看到很多种颜色，而绝大多数常见的色盲患者，他们的视锥细胞少了一种。当患者只有两种视锥细胞时，他们仍然能分辨一些颜色，但是比正常人要少。

汪星人和喵星人的情况与人类色盲患者相似，它们也只有两种视锥细胞。

所以，汪星人和喵星人并不是什么颜色都看不见，只是看到的少而已。在汪星人和喵星人的眼里，世界就是"黄—蓝—灰"三种颜色，绿、黄、橙、红在汪星人看来是不同的黄色，蓝绿色则是灰色，而蓝色、紫色则都是深蓝色了。所以彩虹在人的眼里是"赤橙黄绿青蓝紫"，在汪星人的眼里，就成了"深灰—暗黄—亮黄—灰—浅蓝—深蓝"。

所以当你为了讨好汪星人和喵星人，给它们买了自认为颜色鲜艳的玩具，在它们眼里却是："主人这品位真是……够坑爹的！"因为我们眼中的红色和亮橙色，在它们眼里就是无趣的暗灰色或土黄色。如果把一个红色的玩具扔到黄色的草地上，对汪星人来说，那就是一片黄，它很可能没法把这玩具同背景分得那么清楚。所以，下次给汪星人丢玩具过去，它不理你的话，先反省一下自己的"品位"吧！

接下来，我们再换一种动物星人。

如果人类的左眼被换上了“马星人”的眼睛，我们可以发现，马星人的视觉特点跟我们相机上的一个功能很像：全景式拍照！同样具备这种功能的还有牛星人、羊星人和驴星人等。它们在自然界中，大多数情况下是被吃掉，而不是吃掉别“人”，长出这样的眼睛就十分有必要了。它们两眼间的距离很大，这样就可以看到身后的一草一木，稍有风吹草动就赶紧跑路。这也是为什么要给拉车的马戴上眼罩，因为它们可以看到身后的一切，这样就会分心；而多数赛马是不戴眼罩的，因为训练者想要它知道后面马的位置和追赶的速度。

尽管像马星人这样容易被攻击和吃掉的动物星人，基本上都能够看到身后的东西，但并不代表它们有360° 的视觉领域。

马星人和牛星人身体正后方有一块盲点区域，特别需要注意的是，不要不声不响地靠近这个地方！因为这个时候它看不到你是谁，只要感觉有东西过来了，就会出于恐惧而用尾巴狠抽，或者干脆用蹄子，一下子将你踢飞！

还有一小块盲点区域是在它们的正前方，这是因为它们两眼间相距太远了。

除了“全景式”的视觉特点，动物星人还有一个与我们不同的地方，就是它们眼睛的“取景器”是带状的，而我们则是球面的。这会造成什么差异呢？大家都看过斗牛比赛吧，还记得公牛每次发起攻击前的标志性动作吗？对，就是把头先低下来，瞪着你看。这和牧羊犬将羊群赶到一起时的动作一样：把头低下来，瞪着羊群看。这个动作不是在示威，告诉对方“老子发火了”，而是它们正忙着在取景器上排列它们观察到的图像呢。而人类的球面取景器则不需要这一步，谈笑间便把事物尽收眼底了。

说完了人类与动物星人视觉上的不同，接下来的内容有一些难度，为了更好理解，我在这里要再介绍一个概念：深度知觉！

什么是“深度知觉”？是说有思想深度的知觉？不是，我们先来看一张图：

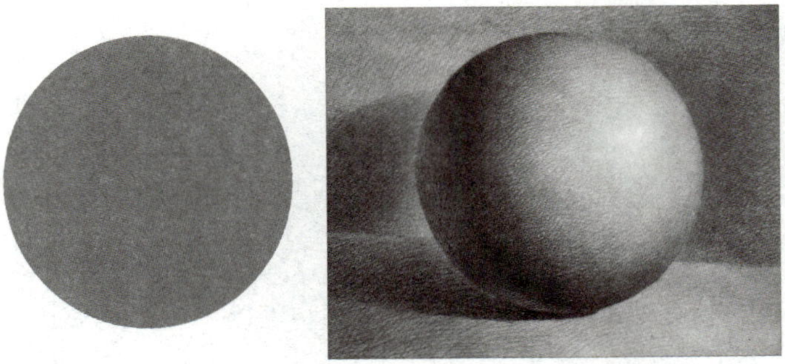

我们能看到上图左边是一个圆，右边是一个球，实际上它们的大小是相同的，可为什么我们看圆是圆，看球是球，不会混淆呢？这里面就涉及了知觉的问题。我们看到圆是一个平面的图形，属于二维空间的知觉，而球是立体的，属于三维空间的知觉。那么“深度知觉”实际上就涉及三维空间的知觉，它不仅能让你知觉物体的长、宽、高，还能够知觉物体的距离、深度、凹凸、速度，等等。

比如说下面这张图片：

这张图中，我们是怎么看出哪个在前哪个在后呢？是我们的深度知觉告诉了我们：如果一个物体部分地遮盖了另一个物体，那么被遮盖的物体就被知觉成远一些。

还有这一张：

画中的树，我们一看就知道它们延伸向远处。为什么呢？关键在于中间的路。路的两边在平面上看是有一定角度的，但是深度知觉却让我们把它们看成是两条平行线，伸延至远方。

再来一张：

图中远处有一个小山坡，而近处是一些沙子。没有亲临现场，我们为什么会产生这样的距离感？是因为深度知觉告诉我们：远处的物体看上去分布的密度大，而近处的物体分布的密度小。

深度知觉能告诉我们的太多了，就不在这里一一赘述了。

深度知觉不仅让我们感受到三维的世界，还能在一定程度上对人类的行为起到警示作用，比如下面这个著名的“视崖试验”。

所谓“视崖”，就是视力的悬崖。那么视力的悬崖是怎样产生的呢？来看下面这个装置：

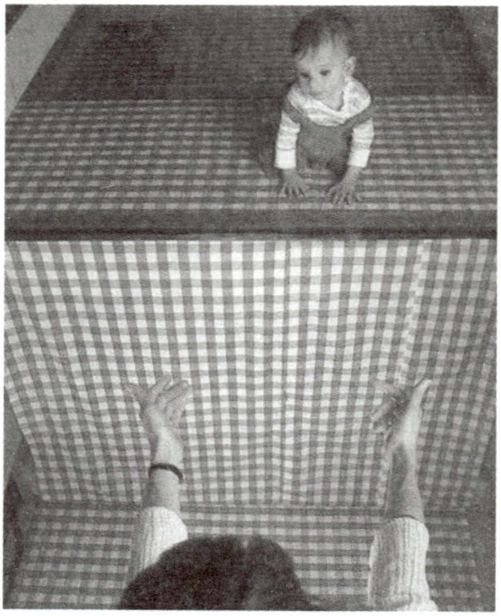

在一张桌子上覆盖着一层透明玻璃，玻璃很大，不仅将桌子整个儿覆盖住，还有一半的面积空出来。桌子与地面都铺着格子布料，一边的布料与玻璃紧贴，不造成深度；另一边的布料与玻璃有数尺距离，造成深度，形成“悬崖”。现在我们要在桌子上放上一个小婴儿——为什么要选择婴儿做试验？是因为他们没见过“世面”，从未经历这种场面，不会受之前人生经验的影响。

试验开始，婴儿从桌子的一边向另一边爬去，快要爬到桌边的时候，在前方仍有玻璃支撑的情况下，他停了下来，不肯再往前挪一步，哪怕他的妈妈站在桌子另一边叫他也无济于事。因为地面的布料跟桌面的布料形成了视觉反差，给他造成一种面临深渊的警觉。

我们人类能够感知到的这些深度知觉，动物星人也会感知到吗？答案是肯定的！因为动物星人也被做过“视崖试验”，它们做出了相同的反应。但在现实生活中，事情就没那么简单了。有的时候，动物星人的深度知觉不仅没能帮上忙，甚至还将它们要得团团转。

这是怎么回事呢？

在解释之前，还得再来说说还我们前面提到的锥体细胞和棒体细胞。

锥体细胞是用来白天看东西，主要感受物体的颜色和细节的；棒体细胞是用来夜晚看东西，主要感受物体明暗的。很多动物星人的锥体细胞要比人类少得多，看不到人类能看到的丰富多彩的颜色。比如鸟星人能够看到紫外线、蓝色、绿色和红色，灵长类动物星人可以看到蓝色、绿色和红色三种颜色，其他的大多数哺乳类动物星人只能看到蓝色和绿色两种颜色，几乎所有的动物星人都看不到黄色。

但是它们的棒体细胞非常发达，所以夜视力出类拔萃，对事物的光线变化、明暗对比更加敏感！这也就意味着，对动物星人来说，黄色是非常“亮”的颜色，任何黄色的东西都会刺激它们的视觉，比如黄色的雨衣和器械。

事实上，无论对哪个物种，色彩被去掉以后，光线的反差都会变得更加强烈。正因为这个原因，第二次世界大战时盟军曾经征募了一批全色盲的人入伍，他们的专职工作就是对侦察图进行分析。全色盲的人不仅看不到红色和绿色，什么颜色也看不到，但是却可以观察到挂在坦克上的伪装网，这是色觉正常的人做不到的。

那么现在，把“深度知觉”和“棒体细胞发达”都集齐以后，我终于可以说下面的内容了。在动物星人身上同时出现“深度知觉+棒体细胞发达”会发生什么？

答案是：动物会把鲜明的明暗对比当成“视觉悬崖”！它们会因此变得神经兮兮，小心翼翼，如履薄冰。有一种专门针对牛星人的“牛群路障”，就是在路上挖沟，上面用金属条盖上，汽车可以从上面开过去，人可以从上面走过去，牛却不敢“越雷池一步”，因为金属的反光会给它们造成视觉上的强烈反差，它们认为金属条是一个垂直凹进去的万丈深渊！

诸如此类，在《火星上的人类学家》中有一篇文章，说是一名艺术家在车祸中受伤，失去色觉，什么颜色都看不出来。后来他发现自己无法开车了，因为在他看来，路上斑驳的树影就是一个个无底深渊，时刻准备着把他和车一起吞没。由于失去了色觉，他眼中光线明暗的对比变得更加强烈，形成了深度上的差异。牛的色觉比人类要差得远，因此就像这位失去色觉的艺术家一样，它们也容易把光线的对比看成深度上的差异。

如果仅仅给动物星人造成这样的困惑，也许还算不上是折磨，因为还有比这种“静态明暗对比”更加恐怖的“动态明暗对比”！比如说：缓慢转动的电风扇！

电风扇处于飞速运转的状态时，是看不到扇叶的，就不会有什么问题。但是当电风扇慢速运转的时候，扇叶就会摇摆不定，从不同角度反光，形成反复变化的明暗对比，这对动物星人来说，真得快让它们崩溃了！这种反复变化的明暗对比造成的深度知觉，让它们几乎丧失了距离感和位置感，就觉得自己一会儿向前一会儿向后，或者眼前的物体一会儿向自己奔来，一会儿又向后退去。试想一下，你玩游乐场里的失重机里的感受：一下子深坠，又一下子被抛起，这种感觉搁谁身上也受不了吧？

所以，深度知觉+棒体细胞发达=畏惧不前+混乱不堪！

这也为牛星人为什么不肯进入通道、动物星人为什么为细节所困等，做出了一个完美的解释！

Part 2 >>>

孤独星人帮了大忙

形象思维

电影《马语者》中，马语者与马沟通，使其从阴影和伤痛中慢慢走出，恢复正常。而现实生活中，是谁替我们与动物星人沟通，让我们更好地了解它们呢?

在上文中我们提到动物星人的一个特点：非常注重细节！它们的世界里除了细节还是细节。另外，无论什么动物，包括人类，凡是擅长“形象思维”的，都是以细节为中心！下面的例子便可以证明这一点：

> 有一位优秀的室内设计师，对他来说，最糟糕的事就是和一个马马虎虎的承包人合作，因为他会看到承包人工作中的每一个疏漏之处。别人不注意的小瑕疵，如墙上的水泥涂得有点儿不平整，在擅长形象思维的他看来，是十分刺眼的，这会让他感到不舒服，烦躁，甚至抓狂，这点他和动物是一样的。（是不是处女座的人都很擅长形象

思维呢？）同时他也知道自己是与众不同的，正是这种差异让他在工作中得心应手，他的优势是能够观察到一般人观察不到的细节。

因此，这里我们可以得出一个结论：动物是以“形象思维”来思考的！而看过《重口味心理学2》中“孤独星人”那一篇的人知道，自闭症患者也主要是以“形象思维”来思考的，那么答案就很明显了：是孤独星人充当了人类与动物之间的使者！是他们让我们更懂得动物！

还记得我们前面提到的帮助牛进入通道的专家吗？他本身就患有自闭症，更确切地说是阿斯伯格综合征（高能自闭症）。自闭症患者可以按照动物的思维方式进行思考，同时他们拥有人类的思维，从某种意义上说，自闭症患者是动物星人和人类的一个过渡点！

要说“形象思维”，是相对于“语言思维”而言的。自闭症患者用形象来思维，并不是说他们擅长设计，会画建筑图纸，而是他们的思维就是以形象的形式进行的，在进行思维活动的时候，他们的头脑中只有形象，没有文字。例如，如果你说到“宏观经济学”的内容，在自闭症患者的脑海里就会出现一些与此没有什么关系的形象，比如一个带流苏边的花瓶。这也是很多自闭症患者无法理解经济学和代数的原因，因为他们的大脑无

法将此转化成形象。

但有时形象思维也是一个优势。比如在设计机器时，他们的思考过程都是以形象的形式出现的，他们能看到设计的各个零部件顺利地组成一体，也能看到这个过程中出现的每一个故障。当设计有重大缺陷时，他们的脑海中也会出现整个结构轰然解体的形象。

这并不等于说自闭症患者的思维过程中没有任何语言的位置。在整个思维活动结束的时候，他们会做出语言形式的判断："那样不行，会散架的。"如果用法官和陪审团来做比喻，可以说他们所有的审判过程都是以形象的方式进行，只有最后的判决是语言。有的时候，自闭症患者会不顾周围人异样的目光，把这种判决大声说出来，比如"我要试试看"，或者"哈，原来如此"，为的就是更好地梳理自己的思路。这时的语言总是很简单，但其背后的形象却很复杂！和人交谈的时候，他们会把形象转化成已经在头脑里"录音"的固定短语和句子。因此，针对一个事物，尽管他们的脑海中已经出现了无比丰富多彩的画面，却无力用语言表达，只能重复着几个单调的词语，就像一台"录音机"。

正是因为他们"贫瘠"的语言表达能力，正常人常说自闭症患者是"生活在自己的小天地里"，其实这种看法是非常可笑的！如果你和动物共处一段时间，你就会意识到这句话其实用在正常人身上更为合适。在正常人看到的这个世界以外，另有一个美丽壮观的世界，而我们往往对此视而不见。狗能听到人类听不到的许多音域，同样，自闭症患者和动物星人可以看到正常人看不到或者不去看的一个全新的世界！

比如下面这个例子：

孤独星人丽丽患有严重的阅读障碍，但她的听觉非常敏锐，以至于可以听到关着的收音机发出的声音。这是因为只要电源没有断开，所有的电器即使在关闭的状态下也会继续通电，而丽丽就能够听到关着的收音机接收到的微小信号。有一次她说："××电台正在播放×××的歌曲。"人们打开收音机，发现果然如此。

此外，她还能够听到墙上电线发出的细微的嗡嗡颤动声。她对动物星人的理解更是惊人，能够从动物呼吸的细微变化说出其当时的感受，而这种变化是我们觉察不到的！

孤独星人如此，同样的"超能力"也会出现在动物星人身上。

"未卜先知"的大师

"一天，你从外面归来，你养的宠物狗见到你，并没有像平时那样欢快地凑上前去与你亲热。相反，它显得躁动不安，突然间对着你的身后狂吠不已。你转身一看，什么也没发现，殊不知，这时已经有'东西'跟着你进了家……"

这是恐怖片里经常出现的场景，动物星人仿佛能看到你看不见的"东西"，然后对你发出警报。在现实生活中，和人类相比，它们的感知能力的确非常惊人！动物星人有极端的知觉，能感受到的世界极其丰富多彩，和它们比起来，我们简直是聋子和瞎子！

养宠物，尤其是养猫狗的人都知道，宠物和主人之间好像存在某种心灵感应，比如它们能预知主人何时到家，早早地就守在门口"恭迎圣驾"。这是怎么回事呢？这里我们就以一只喵星人为例，看看它是怎么做到的。

这只喵星人叫"肉包"，它跟一户人家生活在市区的一间公寓里。肉包每天总能知道它的女主人什么时间下班。女主人的丈夫在家工作，所以在妻子到家5分钟之前，他总能看到肉包“梳洗干净”，屁颠屁颠地走到门前，迎接女主人的归来。尽管动物星人的时间感非常惊人，但肉包并不是按照它自己的时间感来的，因为它的女主人并非总是在同一时间到家。弗洛伊德每次给病人看病都带着他的狗，这样他不用看表就知道一个疗程该结束了，因为狗会“告诉”他的。许多家长说他们自闭的孩子也有这种能力。对此，肉包的女主人能够想到的唯一解释就是“超感应”，即肉包一定接收到了女主人“我要回家啦”的想法！

为了找到更合理的解释，肉包的女主人请到了一位这方面的专家，同时也是一位自闭症患者（显然，想要更真实地了解动物星人，非孤独星人莫属）。由于没有见过这户人家的公寓，这位专家就用自己的公寓作为模型来揭开这个谜：

他想象着自己的灰色波斯猫在公寓里走来走去，还不时地朝窗外观望。这可以得出一个解释，肉包能够看到它的女主人正沿着大街走来，尽管它从十二层高的楼上无法看清楚女主人的面孔，但能认出她走路的姿势和体态——动物对“体态语言”是非常敏感的，这只猫也许正是从女主人走路的姿势认出了她。

接着专家又考虑了声音的线索。由于他擅长形象思维，他就在自己的脑海中播放猫在公寓里来回走动的“视频”，来重现当时猫咪判断女主人回家的画面。他想象着猫把耳朵靠近门与门框之间的缝隙，因为它也许能够听到女主人在电梯里的声音。但是女主人不一定每次都会发出声音，只有当电梯里还有其他人的时候她才会在电梯里说话，而肉包却每天都准时在门口迎接。专家接着又问了女主人几个问题，她终于把揭晓秘密的关键信息透露出来。原来，她所在公寓的电梯不是按键式的，而是人工操作的，因此她每次进入电梯都会和电梯操作员打个招呼，肉包也就捕捉到了这个线索！

谜底一下子就出来了。如果你养的宠物也像肉包这样每天准时迎接你回来，不是因为它与你有某种心灵感应，而是因为它要么看见了你，要么听见了你，要么两者都有。你的宠物不是在预知你的归来，对它来说，你已经到家了！

看完肉包的故事，很多人会心生感慨：“动物星人的感官真是太神奇了！”

这是当然的，动物星人有各种我们没有的感觉能力，例如狗能听到远处呼唤它的口哨声；蝙蝠和海豚能利用声纳去“观察”远处移动的物体，飞行中的蝙蝠实际上可以发现10米之外的甲虫，还能辨认出其类别；屎壳郎能够感知到月光的偏振现象……

在动物世界里有这样成千上万的例子，对其中许多我们都还一无所知，或者知之甚少，比如接下来要说的大象“打长途”：

直到上世纪80年代，人们才发现大象在利用次声波交流，而这种声波人类是听不到的。在此之前，人们一直纳闷大象到底是怎样与几千米外的家族成员沟通的。

一个大象家族可能会分开行动达几周之久，接着它们会在同一时间到同一地点集合，就像事前通知好了似的。但它们之间相距甚远，对于人类来说，隔着这么远的距离什么也看不见，什么也听不到。在没有手机的情况下，它们是怎么做到的呢？它们一定是以某种特别的方式在交流！

人们经常在动物园的大象笼子旁边感觉到一股股“气流的脉动”，于是有人做出了这个关于次声波的大胆猜想，因为这种感觉就像在教堂里听管风琴演奏。后来的研究证明这种猜测是正确的，大象的确可以用我们人类听不到的但是传播距离很远的次声波进行远距离交流。白天，大象至少能够听到同伴远在4千米之外的呼叫声，到了晚上，随着气温的变化，这个距离可以增加到40千米，这是十分惊人的。

现在人们对大象感官的研究又有了新的进展，发现它们不仅可以通过空气交流，还可以利用大地进行交流——地震波。它们会用脚跺地，发出隆隆的声响，这种震波可以帮助它们与远在30多千米外的同类互通有无。没过多久，接收信息的那一群大象看上去会非常注意它们脚下的地面，它们转移身体的重心，或者身体前倾，或者抬起一只脚来，显然它们是在倾听。就好比，这边敲出了“隆隆隆隆隆隆”，是在说：“你今天吃了吗？”那边回答：“隆隆。”（“没吃。”）这边又说道：“隆隆隆隆隆隆！”（“没吃过来吃呀！”）

事出有因：你的大脑里住着爱因斯坦，也住着一条小蛇！

那么，为什么动物星人拥有这些“神奇”的力量，而我们人类没有？我们究竟与它们有哪些相同之处，哪些不同之处？

为了回答这个问题，我们先来看一个概念：大脑的“三位一体理论”！

所谓“三位一体”，是说人的大脑结构实际上可以分成三部分，这三部分是在历史进化的三个不同阶段依次形成的。而且三个部分都有各自的智力、记忆、时空感等等，似乎我们大脑内部不是一个统一的整体，而是有三个独立的个体，各自为政！

第一个部分是最古老的，位于头颅内部的最底层，叫爬行动物大脑。

后来的第二个部分位于头颅的中间位置，是旧哺乳动物大脑。

而最后出现的这部分位于头颅的最高层，是新哺乳动物大脑。

蜥蜴——爬行动物大脑

狗——旧哺乳动物大脑

人——新哺乳动物大脑

大体来说，蜥蜴的大脑和人类的爬行动物大脑相照应，它负责一些基本的生理需要，如呼吸；哺乳类动物的大脑，比如狗，和人类的旧哺乳动物大脑相照应，它负责处理情感；而灵长类动物，比如人类，则和新哺乳动物大脑相照应，负责处理理智和语言。其实，所有的牲畜都有一些新哺乳类大脑，但是远没有人类的大。

我们的大脑之所以会有三个相互独立的部分，而不是一个统一的整体，是因为在进化的过程中失去作用的部分并没有被淘汰，而是继续发挥着它的“余热”，新进化来的部分大脑则附加在原有大脑之上。就像扩建房子，不是把旧房子拆了重建，而是在原有的楼层上加盖几层。

其实，我们从大自然的角度想一想，这一切并不难理解。地球上生活着无数的蜥蜴星人，它们呼吸，进食，睡觉，醒来，一切都按部就班，有条不紊。既然如此，在汪星人进化出来以后，大自然一定不会做“赔本买卖”，另起炉灶，重新为它们创造一套全新的呼吸系统，而是会把它们的大脑直接附加在蜥蜴的旧大脑上，让蜥蜴的大脑负责呼吸、进食、睡觉、醒来，而让汪星人的大脑负责建立社会等级，哺育下一代。当自然进化到人类这一阶段时，同样的事情重复了一遍，人的大脑被附加在狗的大脑

上，因此我们就有蜥蜴的大脑负责呼吸睡觉，有狗的大脑负责社会生活，最后人的大脑负责把这些用语言描述出来！

“三位一体理论”可以解释为什么我们人类与动物星人有许多相似之处，因为我们的大脑里有一部分它们的“系统”；还可以解释为什么我们又与它们有那么多不同之处，因为我们的大脑是在它们的基础上进化而来，且“青出于蓝而胜于蓝”！

按这个道理来说，人类大脑进化得如此发达，我们才应该是拥有超凡表现的一方，但事实却并非如此，为什么？

抱着“心理是大脑机能的反应”这一准则，想要彻底搞清楚这个问题，我们只有切开彼此的大脑！解剖动物星人和人类的大脑，你会清楚地看到它们明显的区别：人类大脑的大脑皮质比较大。

大脑皮质包裹着大脑的其他部分，是位于大脑最上面那一层的“皱皱巴巴”的东西。

人类的大脑皮质与它包裹着的部分的比例，大概是桃肉与桃核的比例。而动物星人的大脑皮质就要小得多，以至于一些动物的“桃肉”和“桃核”一样大，也就是大脑皮质和它包裹的部分大小是一样的。一般来说，大脑皮质越大，物种的智商越高！但是现在，问题就出在这个发达的大脑皮质上，再结合之前的“三位一体理论”，具体来说就是：

跟蜥蜴和狗的大脑比起来，人类的大脑皮质很发达，发达到“爱管闲事”的地步，就好比某大国喜欢充当世界警察，它喜欢把大脑不同部分连接起来。但是动物星人的大脑皮质没这么发达，它们大脑的各部分是独立的。正是因为这个原因，人类可以有混合的情感，可以同时对一个人爱恨交加，而动物就不是这样，它们的情感更加简单分明，因为像爱和恨这样的范畴在它们的大脑里是相互独立的！

再举一个例子。人类能够很快地从一个情况概括到另外一个情况，动物星人就做不到，因为概括能力取决于从一个事物联想到另外一个事物的能力。比如狗在训练中学会了执行任务的能力，但到了家里可能就不管用了，因为对它来说训练场和家是独立的不同范畴，它的大脑无法自动把两者联系起来。

“世间安得双全法，不负如来不负卿。”造物主之公平就在于给予你一样的同时，必会拿走另一样。人类有了这样高度的概括和联想能力，势必也会丢掉许许多多细节！

举个例子来说，在《错把老婆当帽子》一书中提到：

> 有一个医学院的学生，一天晚上嗑药嗑多了，梦见自己变成一条狗。第二天醒来，他发现自己就真的变成了一条“狗”——他的各种感知能力都得到了极大的提升，尤其是嗅觉。他到了自己实习的医务室，还没有看到，仅凭嗅觉就辨认出了他的20个病人。他还可以靠“闻”来了解这些病人当天的心情，而一直以来，人们怀疑这种能力是狗具备的。不仅如此，他还能利用嗅觉识别出纽约市的每一条街道、每一个商店。他还有种强烈的欲望，什么东西都想闻一闻，摸一摸。他对颜色的感知能力也更厉害了，突然间就能看到以前从来没有看见过的几十个颜色梯度，比如几十种不同色差的褐色。

这个人为什么突然之间变得如此厉害，是因为药物影响了他大脑皮质对各部分的连接，接着产生了一系列连锁反应，让他“注意”到了更多的细节。而正常人的大脑把世界上琐碎的原始数据转化成概括化的概念，最后自己能够意识到的就是这些概念，其他的一概“视而不见”！这样的话，褐色的50个色度就会变成一种统一的颜色，即褐色！

所以发达的大脑皮质给了我们人类一些能力，同时也拿走了“神奇”的另一些。

Part 3 >>>

“简单粗暴”的动物星人

前面我们已经说过了动物星人的感知觉和“特长”，最后我们再来说说它们的性情。

“好奇害死猫”

曾经有新闻报道：“在这个世界上永远充满了光明和温馨的一幕，摄影师捕捉到了这样一个场景，善良的海豹看到有人躺在地上，以为他遇到了危险，于是立即扑了过去，用自己的身体来温暖他，试图将他救活。”

难道你们真的以为海豹都是“活雷锋”？它们真的会知道人类的冷热？

大错特错！海豹之所以这么“善良热情”，主动靠近并温暖人类，背后的真相仅仅是因为好奇：“这是哪儿来的什么东西？让我碰它一下，看它什么反应……”

前面我们说过，动物星人因为没有发达的大脑皮质，不能将大脑的各区域连接起来，因此没有像人类一样复杂的情感。它们不会感到羞愧和负疚，不会感到尴尬，也不会像人类那样总希望那些过得比自己好的人倒霉。它们爱憎分明，只有简简单单几个情感，如愤怒、恐惧等，而这里我们要说的“好奇心”就是它们仅有的情感之一！

动物星人主动靠近人类，只是因为它们非常好奇。它们的好奇心就像生活必需品，无时无刻不伴随在它们左右。如果你养了一条狗，你就会发现，在它的一生中，最幸福的时刻恐怕就是开饭前那会儿！当你把食物倒到它盘子里的时候，它会马上冲你喜笑颜开，尾巴摇得跟电风扇一样。有人说它们这是馋的，其实这样说不确切，也不够深入。分析这一瞬间它们的心情，恐怕一个词是不够用的，应该是“浓厚的兴趣，忘我的猜测，殷切的期待”，而这三样加在一起，就是我们所说的好奇心！

浓厚的兴趣+忘我的猜测+殷切的期待=好奇心

而这一切都源于它们大脑中一个神秘的系统：搜寻回路！我们的大脑中也有这样的存在，而且和动物一样的是：当我们大脑这部分接受电击而被激活的时候，通常也会感到有什么非常有趣和激动人心的事情将要发生；而动物星人则表现得非常活跃，十分激动，还会疯了一样到处乱跑，这里嗅嗅，那里闻闻。

正是因为“搜寻回路”的存在，动物星人和人类一样都有一种原始的强烈冲动，即要找食物，找水源，找配偶，找藏身之所……总之是四处探索发现，远离危险的东西。否则，许多物种岂不是早就在严酷的自然环境中被淘汰掉啦？

这里要知道的是，搜寻回路是“找”，而不是“找到”。比如说，汪星人搜寻回路的活跃只发生在寻找食物的过程中，而不是在最后找到或者吃到食物的那一刻，可见真正让它感到愉快的是寻找食物的过程，而不是找到食物的结果。这也是为什么猎人即使在不需要以猎物为食时仍然会热衷于打猎，他们喜欢的是打猎本身。搜寻回路让我们享受过程带来的快乐，从而我们也喜欢上了各种形式的“捕猎”：喜欢从跳蚤市场淘一些小宝贝；喜欢收集各种笔记本，却不使用；喜欢在网上下载各种分类的电子书，存好，却从来不看；上淘宝……

人们常说“好奇害死猫”，是不无道理的。好奇心太强，一方面，比如在电影里，知道了不该知道的事情，就可能引来杀身之祸；另一方面，它确实带给我们一些“麻烦”，比如：喜新厌旧！

拿猪星人来举例，你给了它们许多玩具，比如可以拱进去的稻草屋，可以撕着玩的本子，但只要再给它们一些新玩具，不管是什么新玩具，哪怕并没有旧玩具好玩，它们也会马上将旧的弃之不顾，冲着新玩具跑过来。

鹦鹉星人也是这样。研究发现往它们的笼子里放的新奇物品越多，它们就越不会因为无聊和焦虑而撕咬自己的羽毛。同时鹦鹉星人也喜欢有许多人类朋友，因为它们非常爱好交际。

对我们人类而言，这也是为什么小孩儿无论有多少玩具，还是想要更多新的，而成年人则总是想要更多新衣服、新汽车，因为新奇事物本身就让人快乐！

人们总说“衣不如新，人不如故”，其实，“人也不如新”，这是由人类天性决定的。但是人不是衣服，人有思想，能互动，又多变，还有很多社会意义，难怪鹦鹉那么喜欢与我们人类交朋友。也正是因为这样，人类自己才不至于被“喜新厌旧”得那么频繁。

“俺也不是好惹的！”

我在写这篇文章的时候，距离被“大师兄”攻击已经过去了5个月——是的，我出去玩的时候被猴子咬了。伤势不重也不轻，分布在腿上总共4个口子6个洞。这么长时间过去了，还是没有痊愈，时而有痛感。当然，我在这里并没有任何埋怨的意思，“大师兄伤我千百遍，我待大师兄如初恋！”只是，我有个疑问，动物星人为什么会发动攻击？就像一些新闻里报道的，动物园的饲养师被自己饲养多年的动物突然袭击丧命，难道这些动物星人真的冷血无情，或者对我们恨之入骨？

为了解开这个谜题，下面我们就专门来说说关于动物星人最“血腥暴力”的部分——攻击！

一天，A小姐正牵着自己心爱的金毛猎犬在林边散步。这时，路上出现了一只松鼠，金毛马上冲上前去，一口咬住松鼠的脖子，用力甩来甩去，直到可怜的松鼠断气，前后不过十几秒的时间。这期间，任凭A小姐怎样大声制止，也丝毫不起作用，金毛根本无视主人的存在。如果换做平日，它嘴里咬着的是一只鞋子，一定会老老实实地服从主人的命令，但当它嘴里是一只活蹦乱跳的松鼠的时候，一切都变了……

事后，金毛好像对自己捕杀的猎物没什么兴趣，根本就不打算吃掉，反而喜滋滋地把战利品叼到主人的脚下，一副得意的样子，好像在说：“看，怎么样，我是不是很厉害？你看傻眼了吧？”从一定程度上来说，它的目的达到了！眼睁睁地看着平日里温顺的宠物原形毕露，恶意行凶，杀戒一开，势不可当，A小姐确实惊呆了，要知道平时她是让自己两岁的儿子与金毛在一起玩耍的……

我们就从这只金毛说起，来搞清楚动物星人的“攻击”：

首先来看金毛的动作：“一口咬住松鼠的脖子，用力甩来甩去。”
在猫、狗这样的掠食性动物身上，有一套与生俱来的固定动作——

“致命一击”！这套动作的顺序是固定的，永远不会改变。同一个物种的每一个成员生来就知道怎样进行这种“致命一击”，而且它们的做法也一模一样。就是说，金毛杀死松鼠的方法和拉布拉多杀死松鼠的方法没有什么两样。但是不同物种之间可能会存在一些区别，比如狗和猫通常是一口把猎物咬住，然后用力来回甩，直到猎物丧命。而大型猫科动物如狮子，在猎捕体型较大的猎物比如羚羊的时候，则会牢牢地咬住猎物的脖子不放，直到猎物窒息而死。它们采取这样的猎捕方式，是因为猎物太沉，甩不动！

如果说“致命一击”是一串鞭炮的话，那么总是需要一个火源来点燃这串鞭炮。对于所有的掠食性动物来说，“快速动作”都是这样一个火源，会激发它们追杀猎物的冲动。这里可以解释为什么动物园里驯服的狮子和老虎还会对人造成伤害，几乎所有这类事故都是由于“快速运动”导致的，受害者往往是因为摔倒了，或者忽然弯腰，或者有工具从手里掉下来……总之，他们在不经意间“点燃”了动物的“致命一击”，完全没有料到即将大祸临头。而猛兽们收到“信号”，毫不犹豫地在下意识中一口气完成了扑倒、撕咬、锁喉等一连串动作，大有“摔杯为号”的意思。而在我们人类身上，也存在这些与生俱来的原始反应，所以在电影和电视剧中警察常常会说“不准动”，因为在剑拔弩张的情况下，稍有风吹草动，便会“敌不动我不动，敌一动我乱动”！

可是，回到上面的例子，金毛在咬死松鼠后为什么不将它吃掉，反而屁颠屁颠地跑到主人身边分享“胜利的喜悦”呢？这个问题的答案已经出现过，就是“搜寻回路”。有研究表明，动物星人大脑中负责捕杀的回路和搜寻回路处于“基本相同的大脑区域”，也就是说，和猎奇能带来快感一样，捕杀猎物的过程对动物来说也是充满了无比的兴奋与喜悦！尤其在食物不短缺（“我的狗粮比松鼠好吃多了”）的时候，情况就更明显了。

并不是所有人都有机会看到狗猎杀松鼠，你要真想好好看看动物对捕猎到底是怎样乐此不疲，只要和喵星人待一段时间就可以了。猫是所有家养动物中的疯狂猎手，它们会追逐着红色的“激光老鼠”扑打，俯冲，忙得不亦乐乎。但事实上“激光老鼠”是抓不到也摸不着的，即使喵星人把爪子按在这个斑点上，也无法感受或者把握到任何东西。这样一来，这个“激光老鼠”就变成了一个超级刺激物，不断激发着猫的追逐欲望。由于这场追逐没有终点，所以它们的追逐本能会一直处于活跃状态，真的好high啊！

金毛的例子就分析完了，这里也许有人会生出疑问：有时我也做了“快速运动”，算是发出了信号，为什么动物星人没有攻击我？

答案很简单：它们没把你当成食物！

动物星人懂得怎样“致命一击”是天生的，但是该对谁发起攻击却并非生来就知道，就像金毛生来就知道怎样去捕杀松鼠，但它并非生来就知道松鼠是食物，它们必须从同类那里学习才能知道什么是食物。如果让狗和松鼠从小就生活在一起，没准儿“两个人会好得跟一个人似的”，狗也永远不会对松鼠展开捕杀。这就是为什么应该让狗从小就和小孩在一起，至少应该让它们经常接触小孩，因为小孩往往会突然做出一些动作，这很容易激发狗身上的捕杀行为，非常有必要让狗从小就认识到小孩不是它们的猎捕对象。

比如下面这个例子。有一户人家养了条德国牧羊犬，号称“喵星人杀手”，但是和小孩儿在一起的时候却表现得非常温顺，任凭小孩儿对它连打带掐，甚至被小孩儿骑到背上也毫无怨言，从来没有反抗过。但是只要一看到猫，它就变得非常激动，马上展开追杀。这是因为这条德国牧羊犬从小就和小孩子在一起，知道不能对小孩儿下手，但是它很少见到猫，并且看到过同类追赶喵星人，所以就把猫当成了捕杀的对象。在这只牧羊犬的世界里，立场已经非常分明：猫是食物，小孩儿不是！

我们观察动物星人进攻的时候，发现整个过程真是快如疾风，迅如闪电，并且“它们冷静地来，又冷静地去，挥一挥衣袖，不留下一个活口”！难道它们真的这样生性残忍，嗜血如命？其实不是的，不是它们真的冷血，而是在我们看来凶残的进攻，在它们眼里仅仅是一种本能，或者说是一种普通的生活方式。同样的道理，我们哪个人会因为买个菜就激动得脸红脖子粗，心跳加速，浑身冒汗，肾上腺素激增呢？因为买菜对我们来说也仅仅是一种普通的生活方式。

以上我们所说的动物星人这种不掺杂任何个人情感，不持有任何立场的进攻，被称为“掠食性进攻”！这种进攻表面看上去疯狂不已，但捕食者内心平静如湖水，不为所动。但是另外一种进攻，则是表面上疯狂同时内心也疯狂——“情感性进攻”！

掠食性进攻——内心波澜不惊

情感性进攻——“老子跟你玩命！”

情感性进攻与掠食性进攻截然不同，它是在愤怒情绪驱使下的进攻，往往更加激烈。拿喵星人举例，当一只猫要发动情感性进攻的时候，它会呜呜叫着，毛发直立，全身都活跃起来，心跳加速，肾上腺系统活动加强；而这只猫准备发动掠食性进攻的时候，它全身会很平静。

正所谓“杀敌一千，自损八百”，愤怒是一种很痛苦的情感，所以无论动物还是人类，都不喜欢激活情感性进攻，而是尽量避免发怒。但是有些情况对动物星人是“是可忍，孰不可忍”，势必要“怒攻”一下的，比如说下面这样：

“把脚从老子地盘上拿开！”——维权

动物星人的世界里没有民主可言，永远充斥着明确的等级制度：大哥就是大哥，小弟就是小弟。而哪位胆敢“以下犯上”，挑战老大权威的话，势必遭到愤怒的攻击，轻则致残，重则致死。当然老大也不光是“窝里横”，当地盘受到外界挑衅或者侵犯的话，它也会怒发冲冠，身先士卒，毫不犹豫地冲出去迎战来犯之敌。

“兔子急了还咬人呢”——恐惧

恐惧和愤怒真是一对好伙伴，从某种层面上来说，他俩如影随形——恐惧的极致就是愤怒！

所以我们常说“围师遗阙，穷寇勿迫”，生命岌岌可危的恐惧感会使一个毫无退路的动物感觉除了进攻别无选择！狮子爪下的牛会为了求生做出最后一搏，把狮子踢个眼冒金星，死去活来，不省人事；在牧场上的人总会被警告要离带牛犊的母牛远一点儿，因为恐惧不安的牛妈妈很可能因为感到威胁而做出进攻。

如果一个人或者动物天不怕地不怕，那是非常危险的，因为恐惧是把双刃剑，在遭受攻击时恐惧可以保护你，同时它还可以制止自己变成攻击者。比起无所顾忌的小孩儿，胆小的小孩儿打架次数会少得多。这并不是说胆小的孩子不会生气，他们也会发火，区别就在于恐惧可以阻止一个怒火中烧的人走向极端！

在这方面，有一项研究非常有趣，说男人之间的打斗比女人多，但女人的愤怒水平和男人是相当的。女人很少大打出手，却更多地采用间接性的攻击，比如对不喜欢的人，她们往往会散播流言蜚语，或者对其进行排挤。原因就在于每当她们发火时，她们感到的恐惧也更强烈，正是这种恐惧有效地压制住了她们的进攻性。这也是为什么在我们人类中间，那些肆无忌惮的杀人狂恐惧水平都非常低，因为“天不怕地不怕”。

到这里我们可以总结一下，为什么动物会发动攻击：

第一个原因是“不走心”的情况——掠食性攻击，仅仅是为了“生计”而展开的攻击，就跟我们去逛超市采购食品和生活用品一样。

第二个原因是“走心”的情况——情感性攻击，被侵占了地盘，或者被逼得走投无路，再或者被吓个不轻的时候展开的攻击，饱含着强烈的情绪色彩！

暴力星球

很多人认为动物虽然有进攻性，但都事出有因，并不暴力，他们以为只有人类才会犯下强奸、杀人和战争等种种罪行。实际情况是这样的吗？看完下面几个例子再说吧。

黑猩猩之间常会发生“小规模战争”，这是一种有组织有纪律的暴力行为，是敌对的两群公猩猩在双方领地边界展开的斗争，类似于我们人类帮派之间的争夺地盘。在这种战争中，每次都会死掉许多大猩猩，结果很多地方的大猩猩种群中都出现了“女多男少”的情况。

有一个农场主花高价从别的地方买了一只公羊。这只公羊看上去极其温顺，在人前也很老实，农场主非常满意，于是就把这只公羊和他的二十几只母羊放到一起。那些母羊已经接受过配种，正处于怀孕初期，并不在发情期。这可能让这只公羊十分不满，于是它用角把那些母羊一个个都开膛破肚，无一幸免。

虎鲸在残杀其他动物方面也很有“心得”，它们把企鹅的一头咬开一个洞，然后从另一头用力挤压，直到把内脏都挤出来，动作非常熟练，就像我们人类挤牙膏。还有的时候，它们把其他种类鲸鱼的幼鲸从母鲸那里隔离出来，然后用身体将小鲸鱼一次次压入水底，直到把它们淹死，整个行凶过程长达六七个小时。你以为这就是结束了吗？接下来，它们只把小鲸鱼的舌头吃掉就扬长而去。这一幕触目惊心，非常恐怖。

看过英文书《To Touch a Wild Dolphin》（《接触狂野海豹》）的人会知道，海豹也并非总是我们印象中的那样温情脉脉，风度翩翩，它们不但会犯下轮奸罪，还有杀婴罪。由于雌海豹不像雄性那样集体活动，雄海豹掌握了雌海豹的这个特点，于是它们成群结队，对单个的雌海豹穷追不舍，强行与其发生性关系，同时它们还会无端地杀掉小海豹。对此有人解释说，雄海豹这么做是进化的结果，为了让雌海豹早点儿进入发情期，这样它们就能得偿所愿，获得繁衍自己后代的机会。

战争、凶杀、强奸等并不是人类的专利，在动物星人中同样存在，而且研究结果表明许多暴力行为都是年轻雄性干的。这和我们人类非常相似：和其他群体比起来，15—24岁的年轻男性参与暴力活动的概率最大！

那么，是什么让这些动物星人以及包括人类犯下这些恶行？这里又涉及“造物主的公平性”问题。动物的大脑越复杂，其行为就越恶劣。动物星人也好，人类也好，都要为复杂的大脑结构付出代价。

原因之一在于，对于复杂的大脑来说，分区比较多，分区一多，连接出问题的概率也会比较高，而这些问题常常会导致恶劣的行为。

另外一个原因是大脑越复杂，行为的灵活性就越大，这样，拥有复杂大脑的动物就可以自由形成新的行为，而这种行为有可能是好的，有可能是坏的，或者不好不坏的。所以人类能够做出无私的牺牲，也能做出灭绝人性的恶行，动物星人也是如此。

但是“魔高一尺，道高一丈”，和人类世界一样，动物星人中也有警察。动物星人的警察通常是族群中地位最高的那个。这里我们就拿猪星人来举例，养过猪的人都知道，猪星人的行为有时候非常顽劣，很喜欢打架斗殴，四处挑衅，而且它们真的咬起来，场面会很糟糕，非常难以控制。这时，就需要居于支配地位的成年雄性来对其他猪形成震慑作用，它们才不敢乱来。

于是，在养猪场经常见到这样的场景：有两只猪突然毫无征兆地扭打在一起，引发了小范围的骚乱。一只大公猪听到动静后，向它俩走了过去，然后……就没有然后了。打架的两只猪看见这只大公猪走来，立即停止了打斗，迅速分开，当作什么也没发生过：“啊，今天天气真好啊……”这只大公猪就是这群猪中的老大，充当了警察的角色。它不怒自威，发生冲突的时候只要走过去就够了，别的什么都不用做，它的威仪足以起到干涉调停的作用：“都给我老老实实的！”这和人类的一帮小混混看到警察，马上停止胡作非为一样。年轻的猪在展开打斗之前甚至会东张西望，看看“公猪警察”在哪里，要是在自己身边，它们就会老老实实，但要是在猪圈的另一端，它们很可能会马上展开搏斗，先打几个回合再说。

“相爱容易，相处难”

和人类亦正亦邪的特点一样，动物星人身上也有“双刃”。就拿我们身边的宠物来说，在它们带来欢乐的同时，我们也不能忘了，它们曾经是在野外驰骋“杀”场的战士！而当它们从野外来到城市，做起了人类的宠物后，就不再有那么多的攻击目标可供选择，如果它们再次“出手”，恐怕唯一可以攻击的只有人类！

有报告表明，那些咬人的狗中，有75%咬的是非常熟悉的人，要么是主人，要么是主人的朋友，真正的“杀熟”哇。我身边就发生过怀孕的女主人被自己的宠物狗咬伤，无奈打掉胎儿的事情。尤其是当彼此无法真正理解对方意图的时候，一些伤害就在所难免。因此，如何跟动物星人相处便成了一个迫切的问题。

下面，我们还以汪星人为例，来说说这门“相处的艺术”。

“我不是你的食物！”

前面提过，小孩身材矮，又总喜欢到处乱跑，汪星人一看到快速移动的物体就会热血充顶，开启捕捉模式，因此让汪星人学会和小孩儿相处尤其重要，许多致命的咬伤都发生在小孩儿身上。所有的汪星人都应该学会辨别什么是猎物，什么不是。如果狗小的时候你不专门教给它这些，它是不会认识到这一点的。

不仅如此，你还要让汪星人从小就知道别人家的小孩儿也不是猎物。这一点很简单，只要让小狗常常接触蹒跚学步的小孩儿就行。因为小孩看见陌生的汪星人，总喜欢跑过去抱一抱，玩一玩，你只要在散步的时候把狗带到公园里就行，那里会有许多家长带着孩子玩耍。或者，你还可以把狗带到住户密集的小区中，这样，小狗出来见过一些小孩儿后，它们自然就会明白小孩儿不是自己的猎物了。

这里要特别强调一点，那就是必须让小狗接触别人家的小孩，因为对狗来说，你家里两岁大的小孩儿和邻居家里两岁大的小孩完全是两个概念。对它们来说，一个是苹果，一个是橘子，汪星人知道自己不应该咬张三，但谁也不敢保证它就不会去咬李四。

“Who’s the Boss now?”

这里又涉及了“谁是老大”的问题。我们之前说过，在动物的世界里，没有民主可言，总会有一个头领，也总会有附庸，它们之间存在着明确的支配等级划分。狗群中有高高在上的雄性首领，也有地位低下的狗愿意俯首称臣。

而这种等级制度在汪星人与人类一起生活以后还会存在吗？答案是肯定的！即，狗的主人必须确立自己的支配性权威，否则，如果狗把自己当成一家之主，那麻烦就大了。它会在家中“称王称霸”，向任何一个构成挑战的人发起进攻，比如它想要最软的座位，就必须给它最软的座位；它想吃饭的时候不被打扰，就不能有人在这个时候靠近它，否则它就会毫不客气地开咬。你带它去看兽医的时候，它也一定不会好好合作。总之是尚不能蒙之喜悦，就必然遭殃。

不信就来看下面这个例子：

事情发生在一个三口之家中。在这个家里，父亲对母亲不太好，总是当着孩子的面训斥母亲，当然，这一切也被狗看在眼里。后来，在孩子还小的时候，这个家庭破裂了，母亲带着孩子和狗独自生活。此后不久，这只汪星人的问题就出现了，如果女主人想带它去一个地方，它就以利齿相威胁，不让她出门。

有一天，女主人要开车出门办事，狗跳进车里怎么也不出来，女主人想拉着它的牵引绳，把它拉出来，它马上恶狠狠地呲牙咧嘴。最后它在车里坐了一整天，直到它自己想从车里出来。事情到了这一步，女主人唯一能做的就是想让它到哪儿去，就把一块牛排扔到那里，然后趁它跑过去的时候赶快把门关上。

这个例子可以说明，家庭内部的不和谐不仅会影响孩子，还会影响到家中的狗！在这只汪星人的眼中，男主人就是绝对的一家之主，它甚至会认为自己在家中处于一人之下，其他人之上的位置。就这样，男主人消失以后，这条狗马上就开始争夺支配权，而要实现这一目的，它就必定会先挑战女主人，这种情况是非常危险的。

看到这里，有人会说："难不成还反了它们啦？看我不把它们都阉了，灭了它们的威风！"

只要一阉割，它们就不咬人啦？实际情况是，这种可能性并不大！将"不服管"的狗进行阉割主要是为了避免它们与别的狗打架，原因就在于，阉割后的公狗对于其他公狗来说，闻起来就不再是公狗了！这样一来，别的公狗就不会像以前那样动辄向其发起挑战。母狗也同样。可以说，被阉割之后，它的进攻性没有发生改变，只是其他狗对它的敌意减少了。

"那就把它们摁倒，狠狠打一顿！"

这里我们不提倡暴力，尤其是在暴力也不起作用的情况下。别忘了有一句话叫"狗改不了吃屎"，当你把它放倒在地，玩命狠捶的时候，它身上先天的臣服本能也就开始了，它会示弱，会求饶："啊，不敢啦不敢啦！"但是当它重新站起来的时候，是不会忘记曾经被按倒在地的耻辱的："哼，仇都记着呢。"没准儿哪天你刚一转身，它就一口咬在你屁股上！

所以强扭的瓜不甜，我们要"以德服狗"！怎么做呢？千万不要愚蠢地跟它玩抢东西的游戏，即你拽着东西的一头，它咬着另一头，你俩都不放手。这样会让汪星人感觉你跟它是平等的。正确的做法是，在喂它食物之前，命令它老老实实地坐着，这样可以让狗明白它的食物来自主人的恩赐；你还可以在狗之前先进门，让它明白主次先后；在它吃饭的时候把手伸进盘子里，让它清楚主人有崇高的支配权；玩耍的时候让它主动打滚，或者仰面躺下肚皮朝上，接受你的爱抚，向你臣服……总之做法是不拘一格的，重要的是让它认清"时势"，服从命令。

汪星人的群体性非常强，总是生活在等级次序中，如果人类干扰了这种次序，地位低的狗就可能命丧其他狗之口。人类应该尊重动物星人自然的等级结构，不应该想当然地用我们的方式来对待它们，否则只会酿成悲剧。

有一位女士养了一群狗，这些狗之间已经形成了一个自然的等级次序，有两条高高在上，处于支配地位，还有三条狗属于中间阶级，而另外两条狗则位于最底层。这位女主人不愿意看到这样的等级分化，她信奉“万物生来平等”，并试图以此来“普度众‘狗’”，因此她一回家就将大多数时间和注意力放到地位低的两条狗身上，让它们备受宠爱。

她这种做法明显刺激到了地位高的狗，就好像我们人类“我在公司做了10年才拿5000块，你凭什么刚毕业就拿10000块”的心情一样，那个恨啊，气啊。于是为了争夺主人的恩宠，地位高的狗向地位低的狗展开了猛烈的攻击，结果一场血战过后，地位低的两条狗全部被咬死，处于中间地位的狗有一条被咬成重伤，不得不进行安乐死。如果这位主人能遵从汪星人的“社会制度”，回家之后先对领头的狗打招呼，喂食时也先喂它们，就不会有今天的下场，没准儿一大家子会平安融洽，幸福喜悦地在一起。

在这篇文章的最后，我要向大家介绍本篇的最后一个概念——“幼态持续”。何谓“幼态持续”？是说某个物种在成熟期仍保持幼年特征的现象，说白了就是我们人类的“一把年纪了，还做小孩的事”。

人们对狗与狼进行过研究，虽然它们看上去外貌各异，但两者DNA的差别只有2%，它们都属于狼类！但是狗又不是真正意义上的狼，它们是一种特殊的“狼”——幼狼。汪星人无论年龄长到多大，它的情感和行为上的成长，在相当于30天左右的幼狼的程度时就停止了。也就是说，以后的日子里它们都是“大狗体内装着小狼”。一条成年的德国牧羊犬会有30天大的幼狼拥有的每一种攻击技能，但不会比这更多了。

狼为什么会变成狗？许多专家认为，可能是因为哺乳期的妇女把失去母亲的小狼崽抱回家，让它和自己的孩子一起吃自己的奶长大。这可以说明，狼演变成狗的主要原因就是早期的人类非常喜欢幼狼，因为它们驯服，可爱。这就使得那些发育不良的成年狼有了繁衍上的优势（如果没有人类的偏爱，这种狼在野外会很快被优胜劣汰掉），于是随着时间的推移，狼就慢慢演变成了今天的狗。

而这种情况不仅发生在狗身上，还发生在其他许多动物星人身上，它们都是在人类干预下演变出来的，可以说没有人类，就没有它们的存在。并且有很多动物在与人类共同生活后，发生了明显的变化。有记录表明，一种动物受到驯化之后，它的大脑就会缩小：马的大脑缩小了16%，猪的大脑缩小了34%，狗的大脑缩小了10%~30%。这可能是因为一旦人类开始照顾这些动物，它们就会失去原来维持生存所需要的部分大脑功能。我们不知道它们究竟失去了哪些功能，但比起野生动物，家畜的恐惧和焦虑减少了，日子也过得安逸舒服多了。

力是相互作用的，情感、信息也是可以互动的，人类在改变动物星人的同时，也被其改变着。有记录表明，我们人类的大脑也比远古时候缩小了10%，显然动物也替我们分担了一部分工作。因此我们的大脑和动物的大脑都变得更专业化了，地球上的生物似乎都在朝着“物尽其用，人尽其才”的方向努力着，做到“术业有专攻”：人类的大脑整体性更强，负责出谋划策和组织领导；而动物的大脑细节性更强，负责感知和察觉。可以说我们和动物是分工合作，共同进化！这也是为什么我们需要更好地对待动物星人，很多我们无能为力的事情动物星人却能做到，我们需要它们的帮助。

人类也曾经是动物星人的一员，但在演化为人的过程中我们得到了一些东西，同时也失去了一些东西，比如简单的情感，爱憎分明，从一而终……也许通过与动物星人的接触，我们能够把这些东西重新找回来。动物让那些能够爱它们，更好地倾听它们的心声，更好地与它们交流的人，比那些不能的人生活得更加愉快；动物让那些能够尊重它们，更好地欣赏它们智力和才能的人，比那些不能的人内心更加充满激情。

动物让我们成为人！

第四篇

上帝的黑名单（上）

罪恶三关

Hardcore
Psychology

重口味
心理学
3

什么是“兴奋迁移理论”？打个比方，某人在工作中受了委屈，生气得很，晚上回家之后这股气还是没消。在这种情况下，如果在家里再遇到一件非常恼火的事，那就是“火上加火”，他很可能会一下子爆发，过度反应。

再打个比方，“路怒症”！啥叫路怒症？就是私下里温文尔雅、彬彬有礼的人开车上了马路后，却因为一点儿小事就变得暴躁易怒，粗口不断，甚至要下车与人动手理论。比如：“好哇，敢开大灯晃我的眼，看我不晃死你！”“敢抢我的路，这个王八蛋！”原因大多是因为司机把生活中的不顺利，比如和爱人吵架、工作上的困难、经济问题，带到了驾驶的过程中，所以一个很小的误会，便认为对方是有意针对自己，而将对方看成是“来者不善”，甚至是一个“十恶不赦”的人。

有一点是很多人不知道的，那就是和“贪生怕死，趋利避害”一样，人类还有另外一种本能：对负面的、否定的消息的狂热关注！我们可以把它称作“否定倾向”。

就好比大海里的血腥味会招来鲨鱼一样，因为否定倾向的存在，报纸和新闻网站才会经常以一些爆炸性的负面消息作为头版头条，比如，“南非刀锋战士杀死女友被捕”，或者“蓝可儿离奇失踪，命案扑朔迷离”……人们受到这样“字眼”的刺激，闻风而动：“快来看看是怎么回事呀！”有人还抱怨新闻为什么总是报道跟“死亡、事故、悲剧”相关的内容。

因为报道别的没办法吸引你呀！

而且，同样是新闻，负面的转发数量和传播广度是正面的几十倍，甚至更多，果然是“好事不出门，坏事传千里”。就拿我们都经历过的考试来说，出现是非判断题的时候，人们也更喜欢选择“错”。人类拥有如此“幸灾乐祸”的本能，当关于重口味、变态、凶杀、性的消息出现时，心情自然是抑制不住地“兴奋与恐惧齐飞，好奇共暗爽一色”！

而本篇要探讨的内容，想必会将大家这种心情推向一个极致高潮——罪恶！

在西方文化中，对“罪恶”早就有了研究。什么是“罪恶”？但丁在《圣经》的《箴言》中说过：高傲的眼，撒谎的舌，流无辜人血的手，图谋恶计的心，飞跑行恶的脚，吐谎言的假见证，弟兄中布散纷争的人。

还有我们比较熟悉的《圣经》中的七宗罪：骄傲，嫉妒，贪婪，懒惰，淫欲，暴怒和饕餮！但是这些说法只是列举，并不表明哪项比哪项更严重，更邪恶。反观佛教中的十八层地狱，就更有“进阶感”了，从第一层拔舌地狱、第二层剪刀地狱……一口气到第十七层石磨地狱、第十八层刀锯地狱，可谓是层层升级，步步惊心！

在这里，我就仿效中西方宗教里的做法，把罪恶分成三个等级，相当于游戏的三个关卡，一关比一关“高能”，一关比一关令人发指！下文出现的案例均为真实案件，其中许多细节难以置信，如果放在犯罪小说里，你也许会觉得它们很假，没办法，有时候生活就是这么不真实，只能说现实往往比小说更激动人心！

下面，“闯关”开始！

Part 1

>>>

第一关：不是我不小心，只是“激情”难以抗拒——冲动犯罪

嫉妒

我总在书里提到一个人，就是我们大家再熟悉不过的弗洛伊德。他老人家其实还蛮长寿的，活了83岁，后来因为颌骨癌去世。就在他生命的最后时光，有一个记者采访他，想知道这位伟人眼中的“生命”是什么。这位记者以为弗大爷的回答肯定会是这样：“啊，人生是……（省略两万字）啊，命运是……（省略两万字）”至少他半个多世纪对人类大脑的研究中提炼出的精华就不止这些。结果弗大爷是这么说的：“Liebe und Arbeit.”——“爱情和工作。”就是这么简单！

难怪人们常说：“你一定要找一份喜欢的工作，并和爱的人结婚。”因为人的一天有24个小时，8小时工作，8小时休息，8小时睡觉。如果有份喜欢的工作，那么工作的8小时就是快乐的；有个爱的人，休息的8个小时也是快乐的；再能有个香甜的睡眠，那人生基本上就圆满了！

但现在问题是，如果爱情这一部分出了状况会怎么样？我们会妒火中

烧，当嫉妒达到极点，人们各种疯狂的举动，包括杀戮就会出现。

来看下面的案例：

凶手姓名：张一（化名）

凶手性别：男

江湖代号：无

犯案时间：2011年2月22日22点左右

犯案地点：受害人李二（化名）的租住处

疯狂行径：捅杀

案件代号：无

受害人数：1人

案件经过：

2010年12月初的时候，张一与李二相识，开始谈恋爱。随后感情迅速升温，“干柴烈火一相逢，便胜却人间无数”，两人于2010年12月21日开始同居了！他们的感情一直很好，直到2011年2月22日21点左右，李二发给张一的一条短信打破了这份平静。

短信的大致内容是：“你以后别回来了，我们俩在一起不现实，就到此为止吧！”张一收到短信后顿时“这颗心就稀巴烂”，急着问理由，但是李二没有回复。心急如焚的张一立马从单位打车回到两人租住的地方，进门就揪住李二：“说呀！为什么要跟我分开？”李二保持沉默。

张一急了：“是不是你在外面有别人啦？”

李二继续保持沉默。

张一：“我能为你去死，你信不？别人能为你去死吗？”

李二：“你死不死的跟我有什么关系？”

张一："我死也会拉着你一起死！"

李二："你随便哪，刀就在厨房。"

张一去厨房拿了一把刃长约10厘米的水果刀回到屋里，这时李二躺在床上，张一站在床边，用刀指着李二说："我最后给你一次机会，说清楚为啥分手，是不是有别人啦？说清楚我就走。"李二指着自己的脖子说："我跟谁在一起你管不着，有能耐你往这儿捅啊，有能耐你捅死我呀。"结果，张一这次真的"有能耐"了，他举起刀就向躺在床上的李二心脏处扎了一刀。李二想反抗，被他摁住，随后又在其心脏处补了三刀！随后李二在抽搐、挣扎中死去，而张一呆坐在尸体旁边，直到被同租一屋的其他人发现后报警。

这是一起比较常见，具有代表性的情杀案件。张一事先没有计划，也没有预谋，可以说是一时情难自禁下的冲动犯罪。那么张一为什么会因妒杀人？嫉妒为什么会导致如此极端的结果？这些问题的答案恐怕要从很久很久之前说起了。

从"我来自元谋，你来自周口，爱让我们直立行走"开始，也就是几百万年前人类祖先出现至今，我们的大脑结构其实就没有多大的变化，基本是老样子。那时候，无论是一大家子人的延续，还是个人的生存，都完全依赖于"男女搭配，干活不累"——男人负责保卫家园，打猎食物；女人负责生孩子，养孩子。只有这样合理的分工，才能保证在当时繁衍下去！甚至现在，这也是头等大事。

因此，有一点就非常重要：男人必须确保他累死累活辛苦养育的孩子真的是他的后代！不用说，女人在这个问题上是信心十足的，至少她知道孩子是不是自己的，可当父亲的就没有那么大的把握了。

所以，在古代，皇帝专设了个后宫，由太监把守，女孩儿在青春期就被带到后宫，等到生育年龄才由皇帝，也只能由皇帝来“采摘”；而在普通百姓家，婚前女孩儿的贞洁则是由她的父亲兄长来保证，要初夜见红，即使在婚后也不忘来一个“贞操带”。男人如此这般不辞辛苦、想方设法地折腾，无非就是要保证自己就是配偶所生的孩子的父亲！也许所谓的“处女情结”就是由此而生的吧。

时光荏苒，岁月穿梭，我们人类已经经历了漫长的演变，但是，我们大脑中要确保基因延续的想法没变，因此我们一直有一个应急机制存在：嫉妒！

为啥这么说？你看，前面说过我们人类的头等大事就是“生娃”，如果香火都断了，其他的一切就无从谈起，所以才“不孝有三，无后为大”。但是如果生的娃不是自己的，被欺骗事小，自己的基因断了延续才是事大！而“嫉妒”的出现，就是为了阻止和预防这种事情的发生！在遇到性关系的欺诈，或者仅仅是欺诈的蛛丝马迹的时候，嫉妒都会让我们作出激烈的反应：分手！离婚！

可同时嫉妒也是双刃剑，用好了确实可以一定程度上排除男人被戴绿帽子和“喜当爹”的隐患，而一旦过度，就免不了使人生朝一个悲剧的方向走去，比如上面张一的案例。

嫉妒也不是说能上升到杀人的程度就可以的，这里还必须有各种“催化剂”，其中之一就是我们常说的“痴情”！这种情况更多地出现在年轻人身上，他们很容易陷入“你和我早就没有回头路”的爱情当中，就是非你不娶非你不嫁这种情况。西班牙有句老话，叫“只有一个洞的老鼠很快就会被猫抓住”，我们也有句老话，叫“为什么非得在一棵树上吊死”，那些觉得在生命里只有一个伴侣可以选择的人就是这样，当他（她）失去对方的时候，就等于失去了全世界，生活不再有意义，也就只剩一个选择，就是死！不管是自杀还是谋杀，或是先谋杀再自杀，都没有什么区别：“失去你，毋宁死！”

除了“痴情”，还有一种情况也可以让嫉妒走向极端：一些人由于年龄的增长，外表的改变，或者社会地位的变化，慢慢丧失了吸引力，这个时候他如果被另一半抛弃，想要找到替代者的机会就会越来越少。因此他们的嫉妒就会加倍滋生，直至疯狂。

要是一个人年轻，社会地位高，有钱，好看，通常在感情问题上是不大容易嫉妒的：“备胎都够我挑一阵的了。”但是也有例外，如果一个人地位很高，声望很卓著，在他遭遇背叛的时候可能会面临着“面子上太说不过去”的窘境，尤其是公开的羞辱之下，“买凶杀人”就会成为为数不多的解决手段之一了。

现在，我们可以对上面的问题做一个简单的梳理了：

张一为什么会因妒杀人？

一方面，作为男人，张一身上仍保留着远古时期就存在的要延续自己基因的本能，容不得丝毫欺骗和践踏，仅仅是“疑似”都不可以。那么李二在分手原因问题上的回避，就加剧甚至证明了他的怀疑：我们之间有了第三者！

另一方面，张一对李二的“痴情”，把原本正常水平的嫉妒推到了万劫不复的地步。

嫉妒为什么会导致如此极端的结果？

前面说过，“嫉妒”本身其实没有对错可言，就是一把双刃剑，适量的嫉妒可化为动力，而过度的嫉妒则成了一件凶器，尤其在其他因素的催化下，就更加凶猛无比了。

张一的案子就说到这儿，我们再来看另外一个案例：

凶手姓名：洪晓慧

凶手性别：女

江湖代号：无

犯案时间：1998年3月7日凌晨

犯案地点：台湾清华大学辐射生物研究所的演讲厅

疯狂行径：扼杀、毁尸

案件代号：清大王水溶尸案

受害人数：1人

案件经过：

如果可以给这个案子另起个标题，我想应该是“闺密是毒”，或者“都是闺密惹的祸”。

事情是这个样子的，洪晓慧（本案的凶手）和许嘉真（本案的受害者）还有曾焕泰（一切皆因他而起）三个人，于1996年夏天同时考进了清华大学辐射生物研究所，洪晓慧和许嘉真读的是硕士班，而曾焕泰读的是博士班（正所谓：防火，防盗，防师兄）。

在此之前，洪晓慧和许嘉真就在补习班中相识，入学后更是成为形影不离的好朋友，直到“只是因为在人群中多看了你一眼”——两个人同时爱上了同系的学长曾焕泰。没过多久，她们二人便情谊不再，反目成仇。曾焕泰则对外界宣称，他仅仅把两个姑娘当成普通朋友，或者小妹妹，但是私底下，却早已经分别与她们发生了多次性关系。

1998年3月7日凌晨，洪晓慧与许嘉真约好了到演讲厅谈判。洪晓慧说：“怎么样，咱俩决斗吧，今天不是你死就是我活，活着的那个才能拥有哥哥的爱！”——当然这是我假想的，洪晓慧具体说了什么我们不知道，总之大体意思是她希望许嘉真能够放弃曾焕泰，退出三角恋。许嘉真不服：“有能耐你就整死我！”——这也是我假想的。

总之就是两人互不相让，激烈争执后，洪晓慧动手打了许嘉真一巴掌，又用手掐住她的脖子，狠狠地朝地面撞击，导致许嘉真头部大出血，昏迷了过去。洪晓慧见此情况，便从实验室拿了一瓶叫“哥罗芳”的化学药剂，朝许嘉真的后脑淋下，然后将她藏在演讲厅的冷气机旁边，打扫完演讲台上的血迹就跑开了。

插入一下，哥罗芳又叫三氯甲烷，是一种无色透明的液体，有特殊的气味，味甜，遇到光照会与空气中的氧作用，逐渐分解成剧毒的光气和氯化氢。它是主要用来生产氟利昂、染料和药物的原料，在医学上常用作麻醉剂。

案发16个小时后，也就是3月7日的21点15分，洪晓慧又跑回现场，惊悚地发现许嘉真已经因为吸入大量的光气窒息死亡。于是她干脆一不做，二不休，在实验室内配制了王水，用来毁尸灭迹。事实上她成功了，许嘉真的尸体被发现时五官已经肿烂得难以辨认。洪晓慧为了逃避罪责，还在命案现场故意遗留了一个之前她与曾焕泰用过的避孕套，丢在尸体左臂下方，企图将现场伪造成许嘉真遭遇歹徒性侵致死的假象。

再插入一下，王水是一种腐蚀性非常强、冒黄色烟的液体，是浓盐酸和浓硝酸混合而成的。其混合比例从名字中就能看出：王，三横一竖，故盐酸与硝酸的体积比为3：1。它是少数几种能够溶解金（Au）的液体之一，这也是它名字的来源。

案发后，警察很快就查出许嘉真与洪晓慧、曾焕泰的三角恋情，随后因为命案现场留有洪晓慧的指甲，命案发生后洪晓慧仍使用许嘉真的信用卡等证据，全案迅速被侦破。

这就是典型的女性因妒忌而发生的情杀案件。

在日常生活中，人们并不会很认真地区分嫉妒和羡慕，有的时候认为这两者是互通的，或者只是程度上不同。比如现在流行的说法“羡慕嫉妒恨”，就是三种程度依次递增的情感，“羡慕——嫉妒——恨”，先是羡慕，羡慕深了就变成嫉妒，嫉妒大了就变成恨。这样说也没错，如果想要解释得更确切一点儿的话：羡慕一词是用在两个人之间的，你有某样东西（比如法拉利跑车），可是我没有——这个时候，我对你的车的垂涎就是羡慕。而嫉妒通常是三个人的事：我以为你爱我，可是现在却发现你在背着我爱别人，我失去了你，所以我恨那个把你从我身边抢走的人，或者我恨你为了那个人抛弃我——这就是嫉妒。

我们大家或多或少都有过失去自己心爱之物的经历，都知道这种情绪有多难受，尤其是失去长久的伴侣或者婚姻的时候，那种“永失我爱”的痛楚是心底说不出的一种痛，把它描述成肝肠寸断、刻骨铭心都不足以形容。如果这成为谋杀的动机，人们不会感到多么震惊。而且我们都清楚，失去爱情不像失去工作那样容易弥补，尤其是在将对方“捉奸在床”的情况下，这要比因为被老板解雇而在办公室里大开杀戒，更能让人容易理解得多了。

暴怒

因一时冲动而杀人的并非都是因为嫉妒，还可能是瞬间燃起的熊熊怒火，或者经年累月积累的怨气终于在某一刻爆发，成为谋杀的狂怒。

来看下面这个案例：

凶手姓名：龙海军（26岁）

凶手性别：男

江湖代号：无

犯案时间：2013年2月1日

犯案地点：湖南长沙湘绣城某处

疯狂行径：扼杀、分尸

案件代号：无

受害人数：1人

案件经过：

如果给这个案子起个标题，我想应该是“一句脏话引发的血案”。

事情是这个样子的。2013年2月1日，本案的凶手龙海军约受害者邱静（24岁）到湘绣城商量事情。就在商讨的过程中，两人一言不合争吵起来，邱静连骂了龙海军几句娘。如果换作别人也没什么，但对龙海军来说可不一样。他幼年丧母，对母亲的思念和爱是他心底最柔软的地方，是“神圣不可侵犯”的，这下还得了？这种言语上的刺激，使得龙海军怒火攻心，一下子失去理智，上前用手扼住邱静的脖子，把她活活掐死了！

事后，龙海军将邱静的尸体搬到中南小学的山上，简单地用树叶、泥土掩埋就走了。回到家，他越想越不对劲，担心警察从尸体上找到自己的指纹。就在埋尸的第三天，也就是2月3日，龙海军从家里带上菜刀、剪刀、旅行袋等回到山上，将邱静的尸体挖了出来，剁下了她的头部和右手，抛到浏阳河中。

龙海军被捕的时候，他刚刚做了父亲，孩子只有11个月大。

龙海军杀人的时候，好像他生命中所有的“刹车”都坏掉了——外部的约束和内部的自我控制力都消失了！如果把他这种情况称为“快怒”的话，下面我们再来看另一种“慢怒”的情况：

凶手姓名：李磊（30岁）
凶手性别：男
江湖代号：无
犯案时间：2009年11月23日晚上
犯案地点：北京大兴区清澄名苑14号楼3单元2层
疯狂行径：捅杀、灭门
案件代号：北京大兴灭门案
受害人数：6人

案件经过：

2009年11月23日晚上，北京大兴发生了一起震惊全国的灭门惨案，一家6口祖孙三代在家中横遭惨死，其中包括户主李磊的父母、妻子、妹妹和两个儿子。年龄最大的54岁，年龄最小的还不满两岁。而最让人难以想象理解的是，凶手竟然正是户主李磊！

下面我们通过庭审时李磊与公诉人的对话，来了解一下案发当时的情况。

公诉人：“作案当天你什么时候回的家？”
李磊：“晚上10点左右从饭店开车回的家。”
“你回的这个家是谁的房产？”
“我父亲的，我和我爱人有一个房间。”
“你回家就睡觉了吗？还见谁啦？”
“我在沙发上坐了一个小时，父母都睡了，我妹妹还没睡，在玩电脑。”

"然后呢？"

"我在屋里和我妻子王美玲吵了几句，就拿刀扎了她几刀。"

"刀有多长？什么时候买的？买刀有什么目的？"

"2008年就买了，当时看着刀好玩，就买下了，没什么目的。那把刀有30厘米长，是单刃的。买下刀后，我就随身携带。"

"你扎了王美玲后，她有喊叫吗？"

"她倒在地上了，没有喊叫。"

"然后呢？"

"我又去我妹妹房间把她扎了。"

"扎你妹妹前有过语言交流吗？扎了后她是什么状况？"

"我进去没说话，就过去直接扎了她，她就倒在地上了。然后我就回到了自己房间。"

"然后呢？"

"我关了灯，但有人过来敲我的房门，因为家里也就父母了，我猜是父亲。于是，我从床上起来，过去开了门，就用刀抹了我父亲的脖子。"

"你父亲喊叫没有？"

"也没有。"

"然后呢？"

"我在客厅待了10分钟左右，我母亲从卧室出来了，我也在她脖子上扎了一刀，我母亲也没有叫喊。"

"然后你又做了什么？"

"我坐在客厅抽烟，天快亮的时候，我把我两个孩子又给扎了。"

"你在扎孩子的时候，他们有没有喊叫哭闹？"

"没有。"（回答这个问题时，李磊抬起双手抹了把脸，他的眼圈第一次红了。）

"你为什么要扎死孩子？"

“想不起来了。”

“你为什么要杀家人？”

“就是觉得有些压抑。”

……

李磊的案子和历年来公开的“灭门惨案”非常一致：凶手灭门的手段都极其残忍，他们大多选择用“冷凶器”为杀人工具，并且他们的犯罪心理定位也非常明确，那就是决不留活口！这些“灭门惨案”还有一个共同点，就是凶手们以亡命徒的方式进行低智商的杀戮，几乎都未经过较为“专业”的周密策划和布局，可以说是一种冲动犯罪。

龙海军和李磊的案子就讲到这儿。他俩为何会杀人？有人说是“因为生气”，这点大家都知道，解释得太浅显！那么他们为什么会“生气”？“生气”到什么程度会杀人？为什么要杀掉这些人？要想了解更深层次的原因，请继续往下看。

还记得在《动物星人》那一篇，有讲到动物为什么会发起攻击吗？有两个原因，一个是因为捕食，一个是因为愤怒。那么什么能让它们愤怒呢？是挑衅！这点我们人类与它们相差无几。从远古时期开始，我们人类就和动物一样，有一种保护自己领地的本能，这个领地使我们有足够的食物、水、活动及繁殖的空间。进化到现在来说，这个“领地”已不仅仅是具体的事物，还包括一些精神层面的东西，比如尊严。如果这个领地遭到侵犯，人类本能的反应就是攻击，至少要对入侵者做出即将发动攻击的警告。

这是在漫长而复杂的进化中形成的，如果放在野外，同物种的“相互残杀”从进化的角度来讲其实是件好事。这种做法能够防止生活空间过度拥挤，把有限的资源留给更多的人，并确保选出最优秀和最强壮的人繁衍下去，就像电影《雪国列车》中出现的情境，只不过这种做法在现实社会中是不被道德和人伦允许的。

总结一下，人类产生攻击行为的路线就是：挑衅——愤怒——攻击。

这是习性学对“因怒杀人”的解释。

一直以来我都对一个问题想不通：为啥有那么多的人对体育节目上瘾？尤其是一些对抗性的运动，比如球赛，简直到了如痴如醉的地步。直到我遇到了弗洛伊德，以弗洛伊德为首的精神分析派认为，在人体内有一种带有攻击倾向的愤怒能量，这种能量像其他本能一样与生俱来，且愈积愈多，必须在这个能量达到危险水平之前就将其排解和释放掉。这就是著名的“心理液压模型”，因为这种观点与容器内积累压力相似——如果容器（人的心理）内在压力积累过大，就可能发生爆炸！

所以及时和恰当地“泄洪”就显得尤为重要，比如，你可以亲自踢一场足球来宣泄，或者通过替代的方式——看球。

而那些因怒施暴的人，就是因为没有足够的机会宣泄这种能量，使之超出警戒线，直至“井喷”。

这是精神分析派对“因怒杀人”的解释。

有句话怎么说的来着，“你笑时全世界都在笑，你哭时只有你一人在哭”。不同的人对这句话有不同的理解，但是能够确定的一点是：“你难过是你自己的事，与别人何干？”可是我们很多人认识不到这一点，于是常常会“迁怒于对方”——这就是对“因怒杀人”的第三种解释——兴奋迁移理论！

什么是“兴奋迁移理论”？打个比方，某人在工作中受了委屈，生气得很，晚上回家之后这股气还是没消。在这种情况下，如果在家里再遇到一件非常恼火的事，那就是“火上加火”，他很可能会一下子爆发，过度反应。

再打个比方，“路怒症”！啥叫路怒症？就是私下里温文尔雅、彬彬有礼的人开车上了马路后，却因为一点儿小事就变得暴躁易怒，粗口不断，甚至要下车与人动手理论。比如：“好哇，敢开大灯晃我的眼，看我不晃死你！”“敢抢我的路，这个王八蛋！”原因大多是因为司机把生活中的不顺利，比如和爱人吵架、工作上的困难、经济问题，带到了驾驶的过程中，所以一个很小的误会，便认为对方是有意针对自己，而将对方看成是“来者不善”，甚至是一个“十恶不赦”的人。

至此，我们可以对龙海军和李磊杀人背后的原因做一个比较深入的分析了：

他们为什么会“生气”？

——龙海军是在跟受害者吵架的时候动手的。还记得那个细节吗，受害者邱静辱骂了他的母亲。那么按照先前的解释来看，这种做法其实就相当于入侵了龙海军的“领地”——尊严，是一种挑衅行为。李磊也是同样的情况（与妻子吵架）。

“生气”到什么程度会杀人？

——人类不像动物那般“简单自由”，可以看人不顺眼扑上去就咬。人类受到道德、规矩、法律等的约束，所以仅仅是因为邱静“挑衅”了龙海军，就招来杀身之祸，这在龙海军精神正常的情况下是不太现实的。唯一的解释是，邱静只是压垮龙海军的最后一根稻草！而在龙海军最后爆发的那一刻来临之前，不知道他已经饱尝了多少“人间疾苦”。李磊也是如此，只不过他的积累过程可能要更缓慢深刻一些。

为什么要杀掉这些人？

——每个人的生活都是不完美的，世上就没有完美的事，关键问题是，龙海军和李磊心中积攒的负能量没能像其他人那样找到合适的方式释放出去。李磊直接对当事人发起攻击，而龙海军则把这份“怨恨”转嫁到了受害人邱静的身上。

罪恶的第一关我们就“打”到这里了，恭喜大家，下面可以升级了！

Part 2

第二关：步步为营——蓄谋犯罪

淫欲

我着手写这本书的时候，正值韩国偶像剧《来自星星的你》热播。这部剧在当时大火了一把，甚至引发许多潮流，比如在下雪的时候吃炸鸡配啤酒。于是最关注时下热点的谈话类节目《锵锵三人行》，就在某一期专门讨论了这部剧。

其中两位男主持人的说法我记忆犹新，大概意思是：

“这部偶像剧已经‘纯情’到了一种不真实的地步，只能说是一种理想化的状态，因为在剧中的男女主角连接吻的剧情都很少，更没有性生活，而这种情况只存在于女性的幻想中。而AV里的日本女人简直满足了男人的所有梦想：不用给她钱，也不用说一大堆谎话去骗她，她就是跟你上床，上床，上床，而且你想怎么搞就怎么搞！同样的，韩剧里的男人能搂着女主角一晚上，还什么都不做，没有任何性要求，甚至连备胎都长得那么帅。这两种情况在现实生活中都是不存在的。所以说，韩国男人占据了中国女人的心，而日本女人占据了中国男人的硬盘。”

这两位男主持人的“心声”能一下子击碎多少女人的“天真”？可现实就是如此。大多数男人的想法就是：性欲如同食欲，肚子饿了就要吃饭，而“小丁丁”饿了就要……当然食物不是免费的，性也不是免费的，可是这并不能阻止男人一直以来都拥有一颗追求“不用付出、无须情感的性关系”的心！

下面，我们就来看一下男人们在强行追求“免费的性”时所犯下的罪——强奸！

凶手姓名：唐永强（42岁）

凶手性别：男

江湖代号：魔鬼屠夫

犯案时间：2002年12月4日

犯案地点：香港元朗白沙村

疯狂行径：连环强奸

案件代号：白沙村奸杀女童藏尸案

受害人数：2人

案件经过：

2002年12月4日，一名11岁的叫陈诺雯的女童到元朗广场购买闪卡时失踪，此后再无任何音信。

2002年12月19日，另一名女童，年仅12岁的严佩珊放学后乘巴士返回朗屏邨住所时离奇失踪……

直到12月20日，凶手唐永强在家中与妻子吵架，一气之下将自己的三个孩子反锁在屋内，点燃煤气引发爆炸，他跟三个孩子都身受重伤。

现在关键的问题就来了，爆炸发生后，消防员在唐永强家一楼的一个衣柜内，发现了失踪的严佩珊的尸体，尸体用被子包裹，外面用尼龙绳捆住。其后的验尸报告显示，严佩珊因窒息而死，估计死了有半天至一天了。并且她的内裤上有大量血渍，下体也有血渍及伤痕。法医证实死者严佩珊遇害前遭到恐怖的性侵犯。

事已至此，警方立即对这间“恐怖屋”展开全面搜查。不久，便在21日中午12点左右，在凶手唐永强屋旁的一口沙井中，发现了失踪女孩陈诺雯的尸体。警察找到这口沙井时，它正被一块木板掩盖着，边上还被水泥封死，上面还压着一部废弃不用的冷气机。随后消防队员用爆破工具将这口井打开。井口刚打开，就有一股强烈的恶臭传出，一具赤裸的女尸蜷伏在井底，半身浸在污水中，尸体已严重腐烂！

据悉，“魔鬼屠夫”唐永强为人极其懒散，游手好闲。在案发前一段时间，他在元朗街头推车贩卖熟食，但很可能另有居心。他暗中观察受害人严佩珊和陈诺雯，并通过买卖接近她们，得知她俩的爱好（陈诺雯喜欢收集明星闪卡，严佩珊爱打游戏机），之后便投其所好，谎称自己家中有游戏机和闪卡，先后引诱她们到自己家里下手。

和上一关“冲动犯罪”不一样，“蓄意犯罪”中的凶手在动手之前很久就已经处心积虑地制订出了一系列计划和部署，有时还要利用杀手、情人或者其他帮凶才能实现自己的目标。就拿前面李磊的案子打比方，如果他在杀掉全家之前，就为家人购买了巨额保险，且受益人只有他自己的话，那么我们可以认为他的做法是蓄意谋杀，而不是冲动。连环强奸案也是如此，和单一强奸案不同，罪犯在作案之前就早已踩好点，摸清受害人的生活规律，以便能成功得手。

很多人都对强奸这种事不理解。要知道，生活中有很多渠道可以满足这些男人的“性饥渴”，为什么还要冒那么大的风险去强奸呢？抠门到这种程度了吗？

强奸可以根据强奸犯的不同动机，划分成多种类型，下面我们着重来说说主要的4种：

A. 证明能力型

B. 权力自信型

C. 愤怒报复型

D. 性虐待狂型

证明能力型

顾名思义，这种强奸犯就是借强奸来证明他们的能力，强奸不仅能让他们恢复自信，重拾自我，还能“找到存在感”。更奇葩的是，他们还总一厢情愿地认为受害者本人也是愿意他们这么做的。因此，这种类型的强奸犯有以下特点：

接近方法：突然袭击。

攻击方法：言语威胁或使用凶器。

口头行为：

1. 安慰被害人说不愿意伤害她们。如：“不用担心，很快就好。”“我不会强奸你的，我不是那种人。”

2. 赞赏被害人。如：“你好美，我打赌你一定有很多男人追。”“你的乳房真不错。”“你有一张漂亮的脸蛋。”

3. 要求感情回报。如：“你喜欢我吗？”“告诉我你不会离开我，告诉我你爱我！”

4. 关心受害人的舒适情况。如：“你难受不？需要把这个拿走吗？”“我压到你头发了吗？”

5. 问被害人关于性的问题。如：“你是处女吗？你跟你男朋友做这个吗？”

6. 要求被害人评价他的性技巧。如：“我厉害不？”“你喜欢这个吗？”“你达到高潮了吗？”

身体行为：

1. 强奸之前还得来点儿“前戏”（如接吻、吮吸乳房等）。

2. 允许被害人与他们商量如何性交。

3. 不对被害人进行肉体上的伤害。

4. 尽可能不去威胁被害人。

大家可以看出，“证明能力型”的强奸犯的作案手法还是比较“温柔”的。他们还会在攻击后试图与受害人再次取得联系，看看被害人对他们进一步的性要求有什么反应，这种做法带来的乐趣远远大于真正谈一场恋爱。更奇葩的是，他们还想象着被害人甚至会爱上他们，并享受“被强奸”的过程。

每一次实施强奸都是对自己自信的一次救赎，这也说明他们在生活中缺乏“自信”这种元素，所以当自信心需要再次被满足时，下一场强奸就会发生！

权力自信型

权力自信型和证明能力型差不多，根本原因都是强奸犯缺乏自信，试图通过“强奸”来恢复信心。区别就在于，权力自信型要更“强势霸道”一些，来看下面的特点：

接近方法：欺骗或者突然袭击。

攻击方法：暴力胁迫，使用凶器。

口头行为：

1. 在攻击过程中不准被害人说话。

2. 对被害人“下达命令”。如，“吸，趴下，握着，不要动，闭嘴”。

3. 贬低侮辱被害人。如：“你是个妓女、荡妇，我占有了你，你现在不再那么干净了。”

4. 赤裸裸的性语言。

5. 言语威胁。如：“照我说的做就没事，否则杀了你。”

身体行为：

1. 几乎没有“前戏”。

2. 被害人仅仅是一副道具，一个满足他们性幻想的物体。

3. 热衷于掐、捏、咬等行为。

4. 对被害人进行性惩罚或者侮辱。

“权力自信型”的强奸犯通过强奸来显示他们拥有毋庸置疑的能力和男子气概。通过证明自己的力量远远超过被害人，来炫耀他们的优势、力量、控制能力、权威和身份，这一切为的就是增加他们膨胀的自信和自我价值！

愤怒报复型

“愤怒报复型”的强奸犯实施强奸就是为了发泄心中的怒火，满足他们长期积累下来的攻击欲望，因此他们的手段通常是“快，准，狠”，不留余地。

接近方法：“迅雷不及掩耳盗铃之铃儿响叮当之势”的突然袭击。

攻击方法：残暴的身体伤害，极端的暴力，使用凶器，爆发性的攻击。

口头行为：

1. 不进行交谈，不管被害人说什么。

2. 会因为某些事而谴责被害人。如：“你如果不反抗，我也不会把你打成这样。”“你活该呀，还挺自以为是呀，就给你点儿厉害尝尝！”

3. 怒骂受害人。

身体行为：

1. 割裂或撕破受害人的衣服。

2. 为实施强奸而“精心打扮”。如，“全身军装，涂抹面部，穿夜行衣等等”。

3. 过分的残酷暴力，给被害人带来大量的伤害。如，“扭断被害人的胳膊，割破被害人的皮肤等”。

性虐待狂型

性虐待狂型的强奸犯就是将自己的喜悦和满足，建立在被害人的疼痛和受苦的基础上，通过蹂躏和折磨被害人来满足自己的性欲。

接近方法： 欺骗。

攻击方法： 突然攻击，身体暴力，使用凶器。

口头行为：

1. 所说的话都是想获得被害人的信任，降低她们的戒心。如：“你能帮我一下吗？我迷路了。”“我们是不是认识？你像我一个朋友。”

2. 说一些引诱被害人离开安全区域的话。如：“我有东西想给你看。”“我开车捎你一段吧。”“我帮你把东西搬进屋里去吧。”

3. 不停地贬低和侮辱被害人，来证明她们是没有价值的。如，称被害人为“婊子、荡妇、娼妓”。

身体行为：

1. 在强奸过程中会使用性奴役器具来进行“SM”。
2. 偏爱在强迫口交后进行粗鲁的肛交。
3. 热衷于将精液喷射到被害人特殊的身体部位上。
4. 对被害人的那些特别的、对强奸犯有性意义的身体部位进行伤害。
5. 对被害人进行性折磨，包括不断地啃咬，插入异物等。

“性虐待狂型”应该算是所有强奸类型里最复杂的一种了。因为它的“套路”是随着强奸犯脑中的性幻想的变化而变化，可以说是“人有多大胆，地有多大产”，而且形式多样，花样翻新，对强奸犯来说“美梦成真”，而对被害人来说则是噩梦来袭！

淫欲部分就说到这里。

贪婪

我们前面说了，人生只要能把握好两件事就能把握幸福：爱情和工作！那么工作这部分没把握好会出现什么问题呢？贪婪！所谓人为财死，鸟为食亡。

除了我们前面讲过的“嫉妒”、“愤怒”和“淫欲”，在这里作为七宗罪原罪之一的“贪婪”，也是人们犯罪的主要动机之一。而人们在“谋财”方面的犯罪也多数是经过处心积虑的谋划，绝非一时冲动就能得手。——赚钱真是在任何情况下都不是件容易的事啊。

来看下面的案例：

凶手姓名：李三、刘四（化名）

凶手性别：男

江湖代号：无

犯案时间：2012年11月19日晚

犯案地点：湖南株洲刘四的寝室

疯狂行径：抢劫，杀人，分尸，煮尸

案件代号：湖南杀人烹尸案

受害人数：1人

案件经过：

受害者刘女士是个生意人，有钱，爱打牌，包里“没少过一万元钱”，还爱戴贵重首饰。老话说得好，“财不露白”，这不，她就被一起打牌的李三和刘四给盯上了。李三和刘四就是两个无业游民，没有正经的收入来源，天天就想着怎样不劳而获，发一笔横财，而刘女士对他俩来说正是那块“肥肉”。他俩左思右想，策划了半个月之久，终于在2012年11月19日晚，借口购买二手房需要听听刘女士的建议，约她在荷塘区红旗广场见面。经不住李三的再三劝诱，刘女士同意了，哪知竟是踏上一条不归路。

当刘女士进入刘四宿舍的主卧室后，李三和刘四二人突然在她身后发动，将她推倒在床上，用绳子捆绑手脚，透明胶带封住口鼻，并将她的黑色挎包抢走，随后用湿塑料袋套住刘女士的头部，导致其窒息死亡。连同黄金饰品和现金在内，李三和刘四共得手近两万元。

这还不算完，为了毁尸灭迹，李三和刘四无所不用其极：他们将刘女士分尸，尸块放入高压锅内炖了整整三天三夜！里面还放了八角和桂皮……然后分两次前往三地进行抛尸或烧毁，其中最远的抛尸地在湘潭。

事发后，据受害人刘女士的家属称：“残忍哪！肉都煮化了！”在公安局，家属们只见到了刘女士的遗骨，“用塑料袋装着”。

至此，“蓄谋犯罪”的所有内容就说到这里。

Part 3 >>>

第三关："不疯魔，不成活"——连环杀手和变态杀人

终于，我们闯过了前两关，来到终极关卡！我已经迫不及待了！

为什么我要给这一关取名叫"呵呵呵"呢？如果说前面两关中的罪恶虽然凶残，还算在人们的理解和承受范围内，那么这一关中的罪恶便是很多人从未耳闻更想象不到的，仅仅是写在纸上，都会让纸也变得"邪恶"，所以无法形容！

这会是一种什么情况呢？下面就来见识一下吧！

精神分裂

连环变态杀手的动机有好多种，更多情况下，是几种动机混合在一起共同作用的。如果硬要给这些动机做梳理和分类，我们就挑出几种主要的来说好了。

下面来看第一种：精神分裂。

精神分裂而导致杀人的凶手通常会显得“很无辜”，因为他们看上去并不知道自己所做的事意味着什么，在正常人眼中又是什么样子。例如：

一个年轻人，因为父亲对他太严苛，同时自己也有强烈的幻听，在这种状态下，他抓起一把大刀就把父亲的头切了下来，从窗户扔了出去。他这么做，只是想让父亲饶了他，而且害怕如果不把头扔出去的话，头就会跟身子自动恢复原状，到时候“爸爸又该打我了”。

一个有间歇性精神病的女人，她把女儿放进微波炉里烧熟了，怕的是男朋友发现那不是他的亲生女儿后就会离开她。

还有的精神病患者可以平心静气地肢解尸体，就像做料理之前对食材进行清理，又或者是拆开闹钟看内部的构造，十分“超然”。有一个把自己母亲肚子剖开的精神分裂凶手说：“我就是想看看她肚子里藏了什么。”

来看这个案例：

凶手姓名：丹尼斯·安德鲁·尼尔森（以下简称尼尔森）

凶手性别：男

江湖代号：无

犯案时间：1978年12月30日~1983年1月23日

犯案地点：英国

疯狂行径：连环杀人，奸尸，分尸

案件代号：无

受害人数：15人以上

案件经过：

尼尔森是典型的精神分裂者，这种人的标志就是超然的冷漠！但冷漠不是说渴望孤独，相反，尼尔森一直在忍受着孤独，渴望与人亲近。同时他还是同性恋，因为种种原因没法与他人建立持久的关系，所以只能寄希望于和他杀死的男性保持幻想出来的友谊。

1978年，尼尔森32岁的时候，他勒死了一位客人，这是他第一次杀人。然后他把尸体藏在公寓的地板下面，有时候会打开地板，跟尸体性交，直到这具尸体臭到不能再臭，烂到不成形的时候才丢掉。之后他开始了漫长的杀戮，杀了十几个人之多，直到1983年，他肢解了最后一个受害者，把尸体碎片从厕所冲掉的时候堵住了下水管而事发。

与大多数连环杀手相比，尼尔森最显著的特征就是他的身体似乎没有被恨意控制。甚至与其他连环杀手虐待动物不一样，他喜欢宠物，养了一只狗和一只猫（我们都知道连环杀手有特殊的童年特征，这个在后面会说到）。他也从来没有遭受过任何虐待，只是童年非常孤独，成年后还有过正经的工作。比如1961年的时候，尼尔森曾经应征入伍成为一名厨师，在那里他学会了包括如何屠宰牲畜在内的一切厨艺。当然，这也使得他在其后杀人分尸的时候能达到“庖丁解牛”的境界。

但是尼尔森就是对尸体有一种特殊的情感，这在他小的时候就显现了。有一次，他寻找一个失踪的人，他和他的朋友在银行旁边河里发现了那个人的尸体——那个人是被淹死的。尸体让尼尔森想到了他的外祖父，他没有感到恐惧或者恶心，而是一种兴奋，死亡和永恒之间的关系让他无法解释，他感到十分迷茫。这个看似微不足道的插曲其实是一个开端，尼尔森正一步步从一个普通人变成杀人恶魔。

正因为这种对尸体的深深眷恋与痴迷，他往往会将尸体保留数月之久，最后碎尸。在此之前他与尸体一同睡，一同洗澡，一同听音乐、看电视，除此之外还与尸体聊天，晚上睡觉之前道“晚安”，早上上班之前说“再见”。比起很多连环杀手残忍的碎尸行为，尼尔森的举动更让人有一种不可名状的毛骨悚然的感觉。

下面就是尼尔森和第一具尸体“相处”时的一些细节：

“一周后，出于好奇，尼尔森再次打开地板，把尸体搬出来，想看看尸体是什么样子。他发现尸体脏了，便把尸体背到浴室清洗干净，而且他还用洗尸体的水洗澡。当他把尸体运到卧室，他已经勃起了，于是跪在尸体旁边手淫。为了便于把尸体搬进搬出，尼尔森把尸体的脚绑在一起，然后把尸体又放回地板下面。他一直保留这个尸体7个半月，直到他把尸体的碎块在后院用一把大火烧掉。他在火中燃烧橡胶，用来遮盖燃烧尸体的气味，之后他把骨灰和未燃烧尽的东西掩埋在后院里。”

尼尔森被捕后，他的所作所为自然让大家怀疑他精神方面的状况，因此先后有三位精神病学家与他接触，并做出自己的判断。下面来看看这三位精神病学家的说法：

精神病学家一：

“我觉得尼尔森也是精神病的受害者，他无时无刻不被童年的经历和生活中的各种问题以及关系痛苦折磨着。他的精神很多时候无法控制他的行动，同时他还经常酗酒，肉体是在失去知觉的情况下做出了一些事。所以他不会知道自己为什么要杀人，也无法意识到他做的事情是危害道德和侵犯法律的。应该减轻他的部分法律责任！”

精神病学家二：

“我认为尼尔森的边缘人格冒充了其正常的人格，这是一种病态的人格！也就是说，他经常会因为自己的世界与外界发生冲突，偶然发生精神分裂，不过他大多时间里能控制住自己（这也是他为什么不伤害周围熟人的原因），其余时间他经常自我陶醉，并且孤立自我在自己的世界里。所以我认为，尼尔森的犯罪并非是蓄意或有预谋的犯罪。”

精神病学家三：

“我认为上面两个专家的说法并不准确，尼尔森完全有能力控制自己的行为。这个案例很特别，他应该是精神变态，而非精神混乱（冲突），所以我觉得他有罪！”

而陪审团被这三个人的分歧和令人费解的医学行话、术语搞得要疯了！最后，法庭干脆告诉陪审团不要理会那些医学行话，应该更注重尼尔森的罪恶源头是否故意。经过商议，法庭和陪审团在考虑社会影响和其他因素的情况下，宣布：尼尔森有罪！

性虐

除了精神分裂，还有一种情况是带着性的目的去杀人的，在“连环杀手”中，大部分都是这种类型。性目的是这种类型的核心，因为它的“作案程序”基本就是先奸后杀（最常见）或者先杀后奸（恋尸癖），再或者边杀边奸（性虐狂）。下面我就要具体举一个在这方面做到登峰造极的“大咖”的例子。

凶手姓名：戴维·帕克·雷（以下简称雷）

凶手性别：男

江湖代号：地狱工程师

犯案时间：1979年左右

犯案地点：墨西哥

疯狂行径：性虐待，连环杀人，分尸

案件代号：无

受害人数：十几个~几十个

案件经过：

曾经有一位司法精神病医生说过一个观点，“坏人干的是好人只有在梦里才干的事”：很多人，遭受侮辱、拒绝、挫折和伤害时，常常会有片刻的谋杀幻想，这想象还包括折磨那些冤枉和伤害他们的人——就是我们说的“在心里杀了你一万遍”。但是，想归想，实际上绝大多数人从来没有真的伤害过谁，折磨过谁，只是在心里出出气而已。

雷的作案手段几乎上升到了“艺术”的高度，因为他不满足于普通的性虐方式，而是自己动手设计图纸，制作和发明施虐器械，并且他在这方面的“造诣”，就跟他的罪行一样令人难以望其项背。他建造了属于自己的专用行刑房，这个房子可以移动，并且坐落于人迹罕至之处。雷给他的这个宝贝起了一个变态的名字——“玩具盒子”。事实也确实如此，这个“玩具盒子”的外面加上了隔音材料，并加固了墙和门，让你“叫天天不应，叫地地不灵”。里面装备了滑轮、铁链、妇产科设备、钉满钉子的假阴茎、绷带和电击枪、照相机和监视器、电牛鞭、注射筒、各种化学药剂，可谓应有尽有，是雷可以尽情“享乐”的天堂，而对受害人来说却是“只求速死”的地狱。

这种描述让我想起了一个电影——《人皮客栈》，而雷的“玩具盒子”中的场面实际上与此相差无几。

和电影中的行径不一样的是，雷最大的兴趣不在于敲碎骨头、烧烤和切割皮肉，而是对性器官的虐待！这个从他年少的时候就开始了，大概在13岁的时候，那些扭曲的幻想就开始渗入他的脑子，而后不久他就将此付诸行动：15岁左右，他就把一个女人绑在树上折磨致死。到30岁，他只有靠边幻想虐杀女人边手淫才能达到性高潮。而到了40岁，他则开始绑架折磨女性，把她们变成痛苦而屈辱的性玩具，并且这一过程持续了数十年之久！

成为连环杀手的人都有一个特点，就是他们沉醉于上帝般的生杀大权，受害者临死的惨状让他们感觉到这一权力的实现！而雷在享受这一“权力”的同时，还把自己的“小死”（性高潮）建立在了别人“真死”的基础之上。

但是，关于雷的受害者惨状的资料极少，可能已经被封存了，为了让大家更多了解当时的情况，我搬出了著名的“开膛手杰克”。因为他的案子与雷有几分相似之处，都含有色情杀人的因素，所以来看看“开膛手杰克”的受害者的遭遇，就可以“脑补”出几分雷的行径了。

下面是“开膛手杰克”案发现场的描述：

“整个床和周围都是血迹。按照法医的叙述，尸体状态表明凶手进入了最疯狂的杀人毁尸状态。脸被完全划开，头颅几乎就被切下来了。乳房被切下来了，下腹部洞开，内脏被扔得满屋都是。尸体的大部分区域，包括阴部、右大腿和右臀的肌肉都被切下来了，露出了里面的骨头。现场没有发现心脏。凶手不仅要让受害人失去性能力，而且几乎是使了全力让她不成人样，让她完全被肢解，估计损毁尸体至少花了凶手两个钟头。”

雷的淫欲和吸毒成瘾一样，是一种必须重复的行为：由镇静变得慢慢躁狂，继而饥渴不堪，最后满足这一渴望，恢复镇静。就这样无穷无尽地循环下去，直至生命的终结。值得一提的是，跟他“并肩作战”的还有他的妻子和其他帮凶。因为有了这些“得力”的助手，雷在销毁尸体方面非常成功，从来没有尸体被找到过，所以人们不清楚到底有多少受害者被杀。就连他的未婚妻和帮凶，在被捕后也没法给出一个准确的统计。

最后，雷的案子我们就以他自己在作案过程中录制的《内心独白》做结：

“我和我的女人在这里养性奴已经好些年了。我们对于强奸、地牢游戏等都有着深刻的痴迷……我们崇拜的是牢牢的捆绑和深深的刺入……要是你能让我们性欲大发的话，你可以在这儿待上几个月。没准儿我也可能让你无限期地留下来，这很好玩，我喜欢玩点儿花样……”

前面我们说了精神分裂和以性为目的的动机，接下来就来说一说另一种更加骇人听闻的——

食人

1972年10月13日，乌拉圭的一支橄榄球队及其亲友所乘的飞机由乌拉圭起飞后，在智利与阿根廷之间的安第斯山脉雪山坠毁，29人死亡，16人幸存。面对雪山夜晚零下40℃的严寒，缺水缺粮。为了求生，幸存的人不得不靠吃罹难同伴的尸体维生，直到72天后获救。这起坠机食人事件成了人类生存史上最悲壮惨烈的一幕。

一名幸存者事后接受采访说：“当时在山上，我只想到吃什么，在哪里安身，一切回归最基本……生命很简单，只是我们令它变得复杂。”

下图是幸存者获救时拍下的照片：

上面这种人吃人的情况可以被大多数人理解，因为饥饿，因为生存，这时人类的社会规则要在大自然的生存规则之下！但是为什么有些人在不受生存威胁的情况下也会无缘无故地吃掉同类？他们为什么要这么做？我们必须承认一点，总有一些行为我们是无法理解其动机的。

来看下面这个例子：

凶手姓名：卡尔·登克（以下简称登克）

凶手性别：男

江湖代号：被遗忘的食人族

犯案时间：1924年左右

犯案地点：德国

疯狂行径：杀人，碎尸，食人

案件代号：无

受害人数：31个人以上

案件经过：

为什么说登克是“被遗忘的食人族”呢？因为无论是电影工业还是精神病学、刑侦学界，都没有关注他的案子。然而实际上，他的案子远比一些著名的连环变态杀手（比如艾德·盖恩）的案子早得多，行径更加恶劣。那么艾德·盖恩是谁？这里要提示一下，电影《惊魂记》、《得克萨斯电锯杀人狂》和《沉默的羔羊》就是根据他的故事发展而来的。由此可以看出，登克是多么的“鼻祖级”，多么的“大隐隐于市”。

如果这本书是一台摄像机，那么下面我就带大家回顾一下当时搜查登克的家时出现的画面：

在搜查房间时，最先发现的是骨头和形状各异的肉。肉被保存在盛着盐水的木头容器里，一共有15块，还带着皮。其中两块肯定是前胸，体毛浓密。它们被从肚脐上方正中水平地切割下来，侧面一直延伸到了上臂。还有一块是胃部，剩下几块来自侧面和背部。最大的一块大概有A4纸那么大。人们注意到，肛门处被小心地清洁过，并在两面都做了精心的处理。

肉是红褐色的，看起来不像在被切碎前曾大量失血。另一方面，背部的肉上有蓝色的斑点，就是所谓的尸斑。它的存在证明被害人是在死亡后几个小时被碎尸的。

从被切碎的部分看，没有活体反应的征兆，也就是说，没有现象表明被害人是被活着切碎的。在肉块中没有脖子处的皮肤或肌肉，没有手脚、头和生殖器，仅从现有的这些碎片无法确定死亡原因是什么，或是使用了何种屠宰工具。

三只中等大小的锅里盛着某种酱汁状的液体，看上去像奶油，里面还有煮熟的连皮带毛的人肉。这块肉的中间是淡粉色的，似乎是从臀部切下来的。其中一只锅只有一半满，登克肯定在被捕前已经吃掉了那一半……还有第四只锅，里面装着许多人皮和动脉血管。没有迹象表明登克曾将被害人的肉出售，但他肯定曾有选择地将肉分给流浪汉吃。

登克的桌上有一只碗，里面盛着琥珀色的油，看起来很像人类脂肪。后来生物实验室检测证明里面含有人的蛋白质。在找到肉的小屋里有一只桶，里面装着大量的骨头，肌腱和其他软组织已经被剔除得干干净净。在被储存起来前，它们肯定先经过煮沸。对从小屋里运走的第一批骨头检测显示，其中有六块骨头分别属于三个人。在小屋后登克挖的池塘里，调查人员还找到人的一只小腿。

登克格外钟情于收集受害人的牙齿，这些牙齿也为案件提供了更多信息。现场总共发现了351颗牙。它们被装在多个上面写着“盐”和“胡椒粉”的铁罐里。仅从牙齿的调查，就能得出，至少有25个人被害。其中有一个人不足16岁，多数远超过40岁，两个人在20—30岁，一个人在30—40岁。

最后，调查人员还发现了三副用人皮制作的裤子背带。它们6厘米宽，76厘米长，皮子表面不光滑，且多处开裂。这告诉我们它们没有被鞣制过，而是仅仅被与皮下软组织剥离开来，然后使其干燥。某一处可以明显看出皮子被缝在一起，它们取自被害人身体外露的区域，这从上面的毛发就能看得出。在显微镜下的研究表明，有些毛发里有虱子。显然登克用过所有的背带，到他死的时候身上还穿着一副。除了背带，登克还用人皮做成皮绳，当做鞋带或是用来捆衣服。很多皮带上也带着人的毛发，但人们无法识别它们是用身体哪部分的皮肤做成的。

下面附上登克的杀人工具：

在登克屋里找到的人肉、牙齿，以及人皮制成的背带和皮绳：

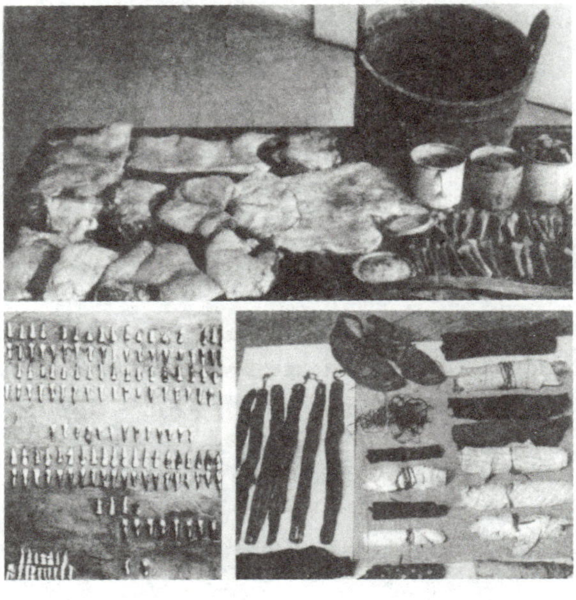

登克被捕后，警方“采访”了一下周围的群众，很多人反映说登克平时有很多肉吃，即使是在通货膨胀最严重，大家都勒紧裤腰带过日子的时候也是如此。他还曾端着一盆冒着热气的肉穿过庭院，从养牲畜的圈里拿到自己的房间。但是大家并未多心，以为那是狗肉，因为曾在房子前面看到狗的毛皮。杀狗是非法的，但是大家一点儿都不关心，他们也不问问自己，登克是怎么弄到那么多狗的。此外，也没人注意到他拎着满桶血水走进院子，也没人注意到深更半夜从他房间里传出的敲敲打打的声音，他们只是在猜想，登克在制作他要出售的钥匙。

登克被捕后不久就抱着概不认错、坚决不改的态度上吊自杀了。

即使有人发现登克的罪行，有些事情也为时已晚，因为已经遇害的人不能起死回生。我前面提到过，连环杀手是有童年特征的，也许通过它我们可以提前预知什么样的小孩长大后会有较大的暴力危险。

在连环杀手的领域里，有三样童年发生的事情是未来人类暴力行为的重要标志：放火，过了年纪还会尿床，虐待、杀死小动物！

放火是小孩具有毁灭冲动的标志，而过了年纪还尿床则是缺乏自控力的标志，无须多言。这里我着重要说的是虐待和杀死小动物，因为这些动物在孩子们看来是最像人类的了。所以连环杀手们在小时候折磨动物的可能性，要比那些诈骗犯和盗窃犯折磨动物的可能性要大多了。而未来可能会成为女性连环杀手的男孩，往往会把杀死猫咪当做谋杀女性的排练，原因很明显，除了耳朵，猫咪看起来就像小型的美女：心形的脸，高高的颧骨，大眼睛，小鼻子，端庄的嘴巴，文静的表情等。如果再把折磨动物和其他危险的性冲动结合起来，这个行凶者反复实施色情谋杀的可能性就更大了。

而登克就是在很大年龄的时候还常常尿床。

至此，恭喜大家，罪恶三关已经全部闯完了！

第五篇

上帝的黑名单（下）

你为什么没有犯罪？

Hardcore
Psychology

重口味
心理学
3

用“去个体化”来解释某些团体犯罪的原因就再合适不过了，大到大屠杀、暴力团伙，小到聚众砸抢、机场骚乱！而想让“去个体化”成功实现，必须具备一个先决条件：人多！

只有人聚集够一定数量，其中个人的身份才能更好地被掩盖。除此之外，同样的伪装，同一种面具，与他人穿着一样的衣服，或者置身于黑夜的包围中，都能达到如同大量人群般的效果。而当个人身份被淹没时，人们就会产生电影里“变身”一般的效果，无论是虐待性、攻击性还是暴力性，都激增了很多倍。这一现象也正好说明了为什么在人类古代战争中冲锋陷阵的勇士总是头戴面具，身披盔甲，全副武装，而当代的战士、游击队员都穿着统一的服装，以达到去个性化的效果。这也可以解释类似黑手党的成员，为什么他们能在白天以正人君子的面貌示人，晚上却成为杀人不眨眼的恐怖分子，同时也可以解释为什么有些人在现实中谨言慎行，到了网络中却变得丧心病狂。

俗话说：“有人的地方就有江湖。”事情只要一经人的介入，就会变得匪夷所思，难以预测。既然人类本身就是一种非常复杂的动物，那么“人类为什么犯罪”这个问题便称得上是复杂加复杂，甚至可以算得上是一个不解之谜，或者说是史上最难讨论出结果的问题之一！有人也许会问：“真的有这么难？”不信，你就往下看。

虽然在前面的案例里我也有提到犯罪原因，但都是浅尝辄止，不够深入。在这里，我想一改惯常的思路“为什么会犯罪”，用“为什么没有犯罪”，从几个方面跟大家一起讨论一下这个“千古之谜”。

Part 1 >>>

从肉体出发

有句话说得好："犯了错要先从自身检讨。"所以我们究其犯罪原因，也要从我们所有一切的基础——肉体开始。

"外貌协会"

说到肉体，首当其冲的就应该是人的长相。这里我们必须要请出一个人——切萨雷·龙勃罗梭来参与我们的讨论，以下我就简称他为"龙大师"。龙大师是个很厉害的人物，他是意大利著名的犯罪学家、精神病学家、刑事人类学派的创始人！

见下图：

也不知道他先前跟中国有过什么渊源，龙大师几乎就是认定了中国的一句老话“相由心生”，认为：“你为什么犯罪，取决于你长成什么样子。”为此他还专门跑到监狱里测量了101个罪犯的面相：“来来来，都坐好，量一下，量一下！”此番研究后他得出了一系列结论，告诉大家有时候“以貌取人”也是非常必要的。

比如说下面图中的这个人：

这人是一名20岁的强奸犯，有着轮状头畸形，两只耳朵很长，耳垂很大，前脑门后缩，眼睛又歪又斜视，塌鼻子，颌骨很大，总之样子很怪异，在精神病院里都很罕见。

龙大师说了："记住了哈，一般长成这样，眼神闪烁着，嘴唇厚，眼带厚，有时候驼背，大多数显得弱不禁风的，都是强奸犯！"

再看下一个：

这是一名盗窃犯的画像。龙大师认为，一般来说，盗窃犯的脸和手都明显地好动；眼睛小，总是在转动，而且常常是斜的；眉毛浓密，相互间靠得很近；前额头几乎总是很窄，并且向后缩；他们的耳廓，同强奸犯的一样，常常像"手柄"一样插在头上（跟我们常说的"招风耳"差不多）。

还有最后一个：

这个人长得太有代表性了，一看就是艺术作品里标准的反派形象。实际上他就是一名杀人惯犯。这类人的目光呆滞，冷漠，有时候眼睛里布满血丝；鼻子呈鹰钩状，更准确地说，像枭的喙，而且总是很大；下颌骨强健，耳朵长，颧骨宽，头发蜷曲茂密且乌黑；胡子常常很稀少，犬齿很大，嘴唇很薄；经常出现眼球震颤，脸面单侧收缩，从而露出犬牙，皮笑肉不笑，像是在恐吓。

这些只是龙大师"面相研究"的一小部分，但是已经可以就我们探索的问题给出一个明确的答案：

"你为什么没有犯罪？"

"因为你没长成那样呗！"

到这里，相信不用举太多反例，或者辩证法，仅仅靠中国的另一句老话——"人不可貌相，海水不可斗量"，就能说明龙大师的观点太过绝对与片面。我们都知道很多仪表堂堂、温文尔雅、英俊潇洒、风流倜傥的人也会犯罪，甚至罪行更令人不齿和发指。但是你能因此说龙大师说得一点儿道理都没有吗？那为什么有些影视作品里的反派还需要典型的反面形象，有些行业里对外服务窗口的工作人员还需要健康阳光的形象？随便选一个不就得啦？

当然，要靠龙大师的"犯罪人论"来解释复杂的犯罪原因还是太薄弱了点儿，只能作为众多参考因素之一。

在肉体方面，我们说完了长相就该来说说身材了。

一些心理学家认为犯罪跟身材也有关系，并且把人的身材分成了四类：

根据下图的描述，显而易见，**中胚层型身材的人更容易犯罪，因为他们有心（爱冒险、爱竞争）还有力（肌肉丰满）。**

	体型	气质
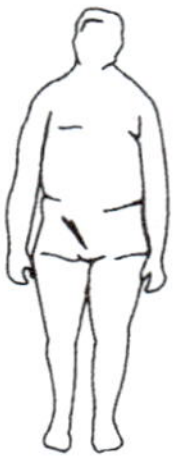	内胚层型 （肥胖且柔软）	内脏强健型 （爱社交的、贪吃的）
	外胚层型 （虚弱的，瘦的）	大脑紧张型 （压抑的、内向的）
	中胚层型 （肌肉丰满的）	体力旺盛型 （爱冒险的、竞争性的）
	平衡型	混合型

“爱上这种感觉”

身材跟长相的理论都距离完全解释人类犯罪的原因太远，龙大师特别不服气！他捣鼓来捣鼓去，寻思着：“我要往更深层次的地方研究下去！”于是，他的研究领域从肉体的形态扩展到了肉体的感觉。

我们都知道黑社会帮派的成员有一个特点，就是喜欢“左青龙，右白虎”——文身！在澡堂子里看到这样的人，就知道八成是“在道上混的”，不好惹。那么为什么那么多犯罪人喜欢文身呢？龙大师就发现了，与其说是他们喜欢文身的图案，不如说是他们喜欢文身这样疼痛的手术。龙大师认为，犯罪人的疼痛感比普通人要迟钝！为此，他又跑到监狱做调查，抓住看守和狱医来询问。结果很多例子还真的能证明他的想法，比如下面这些：

有一名年老的盗窃犯让人把烧红的铁块放在他的阴囊上，而不发出叫喊，完事还问道：“完了吗？”好像没事儿一样。

一名犯人让人截断他的腿，然后把这条腿拿在手里开玩笑。

一名谋杀犯是个退伍老兵，为了从监狱得到面包，一再请求监狱长把他留在监狱，说他出去后不知道能从哪儿弄到面包。请求被拒绝之后，他用勺子把绞断了自己的肠子，然后平静地爬上楼梯，像平常一样躺在床上，几个小时后死去，没有发出任何呻吟。

另一名谋杀犯为了不去另一间牢房，有意把自己的腿搞伤，伤口愈合后，他又用头发穿进膝盖，拉出关节，而后死去。

一名逃犯为了掩盖自己的特征，用火药炸掉了自己的三颗牙。

还有一名劫匪，在攻击一辆马车时被砍了一刀，前臂被砍断。他从容地用另一只手把它捡起来，带回家藏在床底，包扎起鲜血淋漓的断臂，直到后来因失血过多死去。

总之，这样的例子真的很多。这些罪犯简直麻木到丧心病狂，好像可以摆出一副架势，指着自己的身体对你说：“看好哪儿了，跟哥说！胳膊是吧？（一刀剁下）不要了，给你了！”

“麻木不仁”确实能算得上是导致犯罪的一个原因：

“你为什么没有犯罪？”

“因为你没有麻木不仁！”

但是我们也知道，有很多罪犯对受害者很无情，可以把尸体损毁得一塌糊涂，但是对自己却下不去手，仅仅是划一小刀都不可以。还有的罪犯杀人不眨眼，对宠物却疼爱有加，比如《沉默的羔羊》里的变态杀手，他可以活剥人皮，可当看到心爱的宠物狗受到一点儿伤害时，整个人都要崩溃了！

返“祖”归真

如果你仔细留意龙大师描述的犯罪人的长相，你可以对这些特点做一个简单的归纳：

毛发稀少

头骨容积小

前额后缩

骨缝简单

颅骨较厚

前额上的早熟性骨结

下颌骨和颧骨突出

眼眶歪斜

……

我们可以发现，这些不就是远古时期人类的长相吗？所以龙大师的另一个观点就是：人类犯罪其实是一种返祖的表现！

回到远古时代，人类并没有“犯罪”一说，因为那时我们与野兽共同争抢领地和食物资源，太“斯文”的话根本活不下来！所以动物什么样我们就什么样，比如在交配前和交配过程中，我们也要进行凶狠而血腥的争斗，无论是为了制服女性的抗拒，还是为了战胜竞争对手。在国外很多部落中，流行着这样的习俗：新郎埋伏在篱笆后面，等新娘走近后，一棒子将她打倒在地，然后将昏倒的新娘抱进洞房。真的就像网上的一个玩笑说法：喜欢谁就把谁弄晕，拖回洞里，就是一生！

但是有些地方的做法就残忍了些，比如在古罗马，谁抗拒强奸（包括男人在内），谁就会被砍成碎块，甚至连尸首都不能复原。还有，在古罗马、古希腊、中国古代，鸡奸和溺婴不被看作是犯罪，而是被视为民族习俗——“不看好”的婴儿当然要丢掉，这也是大自然的优胜劣汰。

到了现代，这些野性的冲动依然存在。一位举止文雅的诗人，他看见小牛被开膛或者悬挂着的鲜血淋漓的肉，就会浑身淫欲激荡；还有一个人，只要一掐住鸡或者鸽子，就会射精；另一个大叔杀死了许多鸡，坦白说，他在第一次杀鸡的时候，感到一种发自内心的愉悦，他贪婪地摸着还冒着热气的鸡内脏，一种极度膨胀的淫欲使他处于疯狂的状态……

在这里，这些事实能清楚地向我们证明一件事：那些最残忍、恐怖、灭绝人性的犯罪背后，可能存在“返祖”的现象，也可以说是某种兽性的本能！我们生活的社会中，有教育、法律和刑罚存在，使这种本能在人身上减退，但是，一旦受到一定的环境影响，它们就会突然被“触发”，进而大开杀戒！

“你为什么没有犯罪？”

“因为你没有返祖！”

“平分秋色”

一般来讲，男性比女性更具侵略性，从进化的角度来看，也确实如此。男性的行为类似雄狮，我们都知道狮子也是一种社会性动物，在狮群中，雄狮子会在外围巡逻，防备可能入侵并企图“篡位”的雄狮。它还在树上、其他动物身上留下自己的尿迹，来划定势力范围。这类撒尿比赛在我们人类当中也上演着，只不过不是真的尿在别人身上，而是用一种象征手法，比如说我们人类中的商人吹嘘自己的新产品，或者一个新上任的CEO可以“干掉对手”。我们说这话不是说真要杀人（应该说通常都不是），而是渴望在所有斗争中取得赢家的所有优势和特权。自从人类离开大草原到世界其他地方闯荡以来，男人就一直守卫着种群的外围，而女人则在内部照顾小孩和做饭，等着男人从外面拖着猎物回来。到现在，我们使用的工具、说的话，还有穿的衣服，甚至社会结构都有了巨大的改变，没变的是我们的大脑。

所以，很多人认为男人在某种层面上来看，更容易实施暴力犯罪。这确实是由他们特有的体魄、雄性激素，以及在远古狩猎的地位决定的。而女性则要显得更“本分、老实”一些。但实际上，男女的犯罪情况基本是一样的，区别只是方式方法。比如说，女性卖淫就是一种返祖现象，大多数卖淫者是缺乏母性的。虽然女性罪犯不像男性那样在生理上有得天独厚的优势，但从心理上来看，她们比男性罪犯更加恐怖和残忍。龙大师就说过：“跟男人比起来，女人和小孩的共同特征要更多一些，比如两者都好报复和嫉妒，而且女性更倾向于极端残忍的报复。”难怪我们说“最毒妇人心”！

大脑告诉你

上面我们说了长相、身材和身体感觉，都还算是停留在“肤浅”的层面，要想往更深入的层次探索犯罪的原因，这里就必须研究一下“高端大气上档次”的大脑！

众所周知，人类的大脑可以称得上是已知世界中最复杂的东西！它不仅包括有几千亿个神经元和几千亿个连接，还存在着这样那样的功能分区。在这里，为了能让复杂的问题简单化，我需要拿另一个大家都熟悉的东西来作对照——汽车的运行机制。

当然，在汽车的金属壳下也有无数的零件，可是一旦发动起来，归根结底，它所有的部件基本上就是围绕着三样东西运转：油门、刹车、方向盘！

于是，我们的希望、欲求、喜好和冲动等就相当于汽车的油门和方向盘，如果总结成一个心理学的说法就是“驱动”！而我们大脑中用来约束这些驱动的部分，就相当于汽车的刹车。

再具体一点儿：我们大脑中有“幼稚”的神经中枢（初级），也有“成熟”的神经中枢（高级），其中幼稚的神经中枢因为“辈分”的关系，主要分布在几个“边角料”的区域。它们能通过分析周围的环境，告诉我们什么是安全的，什么是危险的，同时还能唤起我们救命的反应。只是这种反应是下意识的，而不是那种经过深思熟虑的，能确保转危为安的慎重思考。因为这种幼稚的神经中枢都和基本的驱动（比如渴了、饿了）相关，很少或者几乎没有得到成熟的神经中枢的修正（什么可以喝，什么不可以喝；什么可以吃，什么不可以吃），我们可以把它们看作是汽车的油门和方向盘！

而成熟的神经中枢因其地位的关系，就真正分布在大脑的核心区域，包括：额叶、颞叶、顶叶和枕叶等——人类的额叶要比其他动物发达得多。这些成熟的神经中枢每天都在衡量统计着外界传达进来的各种数据，以此来做出判断：哪种选择是最符合我们利益的，哪种是“不划算”的，甚至是灾难性的和对我们有害的。我们可以把它们看作汽车的刹车！

下面我就举一个具体案例，来看看一个人犯罪时他的大脑内部是什么情况。

但是，在说这个案例之前我必须先给大家介绍四个“小伙伴”，它们都是长在大脑核心区域，属于负责“刹车”那部分功能的器官。

杏仁体

是一个对生器官，长在位于中间的颞叶两边。

它的功能很多，比如说记忆。不过相对于离它很近的海马回来说，杏仁体的记忆非常“含混不清”，或者说属于潜意识，走的是“地下路线”。而海马回存储的都是有意识的记忆。

但这都不是重点，重点是杏仁体的另一项功能——对情绪的处理！总的来说，杏仁体会对外部刺激做一个情绪上的衡量——遇到一件事是高兴好呢还是难过好呢？比如，通常我们捡到了钱会开心，摔了跟头会难过。所以，杏仁体受到损坏的话，会影响我们对刺激的正确反应——捡了钱会难过，摔了跟头会开心。

伏核

也是一个对生器官，分别长在两个额叶的下端。

它主要是用来控制欢笑、快乐、成瘾和恐惧的。我们常说的药物成瘾，就是在伏核这个器官中增加多巴胺的剂量。因为伏核本身已经充满了多巴胺，更多的剂量加入只会导致它的混乱，这样它就控制不了快乐的度，人也自然“浪荡”起来。

伏核还有一个功能，就是当一堆事情摆在我们面前时，它让我们确定出优先级——哪个重要，哪个不重要；哪个先做，哪个后做。

前扣带

它跟额叶、颞叶和顶叶相连，跟杏仁体也相连。

前扣带最重要的一个作用就是作为大脑的防错系统，它要检测冲突，帮助控制决策过程。但是它“只管说，不管做”，也就是说，它只是把自己对冲突解决的“建议”发给其他“部门”去执行，至于其他“部门”是怎么做的，就不关它的事了。所以这里它给出的“建议”并不一定意味着是最合适的、社会最能接受的行为，而是大脑当时认为的最符合自身利益的行为，哪怕这个行为后来经过思考才发现是非常愚蠢的、糟糕的，甚至是可怕的！从这种意义上来说，前扣带就是个陪审团，它只负责给出“更具权威”的建议。

最后一位“小伙伴”——

眶额叶皮层

为什么叫这个名？是因为它大概就位于眼眶的高度上，是额叶前端皮层的一部分。

它的主要作用就是负责最终的决定，并且对一个行为可能引发的后果做最后的评估。换句话说，它是一个行为是否要执行的最后一道警戒线。如果眶额叶皮层说不行，那么一切都还来得及“悬崖勒马”，大有“一票否决”的意思。所以眶额叶皮层受损会导致强迫性赌博、滥用酒精和毒品、性欲亢进等等。

这四位小伙伴的关系是由上至下的从属关系。打个比方，如果你有一份文件需要公司审批，那么你通常应该是先找部门领导签字，再找副总经理，然后总经理，最后董事长。而一个行为要发生也要依次经过杏仁体、伏核、前扣带、眶额叶皮层的“审批”。

打个比方，一个瘾君子要吸毒，他表现出了对可卡因的强烈欲望，这时相当于他大脑中的“油门”被踩下了，接着他就要吸毒——“方向盘”指明了具体的行为。而下一步他的“刹车”系统就要对此做出判断和调整。可是，由于他已经吸毒上瘾，所以本该做出制止的“刹车系统”的反应却是——

杏仁体：对于使用可卡因带来的恶劣后果的恐惧感视而不见，取而代之的是追捧吸食可卡因后的短暂兴奋感。所以它没有发出警告信号，相反，它告诉它的上一级——伏核一个“赞同”的信息：“好爽啊，好爽啊，快点儿让这个行为通过审批！”

伏核：我们都知道伏核的主要使命就是判断优先级。事已至此，它也没得选了。因为一个正常的人在晚上如果无所事事，可能会选择几种方式来消遣：叫一个朋友来陪自己，去看场电影，读一本探险小说……选择很多。而对于一个吸毒的人来说，能看到的只有毒品。所以尽管伏核也意识到吸毒“不是一个好主意”，但是这个声音太微弱，很快就被欲望推翻，于是当它向上一级汇报时，可能会说：“综合考虑所有情况，我还是要可卡因！”

前扣带：我们知道前扣带只负责提供建议，到了这种情况，它也已经基本迷失掉了，其作用就相当于一个“跟着乱”的：“好哇，好哇，就照你俩（杏仁体和伏核）说的做！眶额叶皮层你听到了没有？”

眶额叶皮层：作为最后决断者的眶额叶皮层显然意识到，到了它这个层面就“此乃生死存亡之秋也”，但是在长期与欲望及其三个“下属”的斗争中，它早已寡不敌众，疲惫不堪，终于还是一下子没把持住，“好吧，那就这么干吧”，为吸毒这个行为开了绿灯！

下面我们就来看看“一个人犯罪时他的大脑内部是什么情况”的案例：

这个案子的凶手我们可以称他为A，受害者是他的妻子，我们可以称为B。

A是个非常自恋且喜好“偷腥”的男人，他早就看B不顺眼了，认为她什么都中规中矩的，不够新鲜刺激。另一方面，A虽然是个中层管理人员，薪水还不低，但是他就是我们常说的“活在别人眼里的人”，喜欢炫耀。有些东西对他来说并不是真正需要的，但是为了能让别人觉得他有钱、潇洒，能让别人觉得他活得幸福、自在，他也打肿脸充胖子，硬要得到，用湖南话来说就是“霸蛮”。为了得到最新款的跑车，他到股市上投机，结果不仅赔了个血本无归，还欠下一笔巨债。

俗话说，男人一生中有三大乐事：升官，发财，死老婆！而对A来说，这已经不是可以耐心等待上天来安排的事了，这是迫在眉睫时不我待的了——他需要靠杀死B，骗得B买的巨额保险的保金（受益人是他）来还债。于是A想出了一个“完美犯罪”计划：杀掉B，再神不知鬼不觉地把事情弄成是神秘攻击的样子。他私底下研究了很多开枪自杀的新闻，以确保现场的逼真。

然后，就在他们结婚三周年的前几天，A把B骗到一处偏僻的海滩上，开枪打死了她，接着又对着自己的手和胸部开了几枪。之后他告诉警方说他们被一个人抢劫了，但是因为天黑，他也没看清那人的模样。

根据前面提到的大脑处理事情的运作流程来看，会是下面这个样子：

油门：我要钱！我要好多钱！来还债，来享受！我还要女人，好多女人，漂亮性感的女人！

方向盘：杀了你媳妇一切就都有了！

刹车：

杏仁体——反映情绪

对于谋杀犯罪以及可能被捕的后果不是感到恐惧，而是为这个行为辩解：

“风险？当然会有！没听说过‘饿死胆小的，撑死胆大的’吗？我已经考虑得很仔细了，肯定万无一失，没什么可担心的！”

伏核——确定优先级

看到银行逼债、离婚、宣告破产等坏消息在一旁招手：

“嗯，是这样的，我经过了严肃的思考后，认为：‘不能没有钱哪！’有了那笔钱，我既可以偿还债务，还可以到夏威夷度假去，哈哈哈！”

前扣带——提出建议

作为陪审团提供建议，而不是直接叫停这个荒谬的计划：

“好吧，我猜那些警察都挺傻的，没准儿可以骗得过他们，不过他们也可能很快会发现是你干的，所以我不知道……那就意味着很长的刑期或者死刑……我的决定是反对的……也许是反对的……是不是反对的呢？”

（陪审团的声音太微弱，动摇！）

眶额叶皮层——做出决断

作为最后的法官，更看重强烈的驱动而不是微弱的良心：

“我已经聆听了双方的辩解。我们可比警察聪明多了，而且那笔钱也不是小数目，可以解决很多问题，放手去干吧！散会！”

通过这个例子，我们看清了人在考虑一个可怕甚至邪恶的行为时，脑子里经历了何等复杂和艰难的局面。尤其是“刹车”部分的这四个小伙伴，简直像讲了一场群口相声。我们可以看到这个人怎样让计划变成实际的行动，而最终欲望的声音盖过了良心的呼喊。

所以，对于“你为什么没有犯罪”这个问题，现在又多了一种解释：**因为你大脑里“刹车”的力量要大于“油门”的力量，及时将罪恶的计划扼杀在想象的摇篮里。**

大脑中除了“汽车系统”理论可以为犯罪原因做解释外，还有一个说法也是经常用到的——大脑皮层的最佳唤醒水平！

阴天的时候，人们都感觉昏昏欲睡，打不起精神，说明在这个时候，外界的光照刺激达不到能唤醒我们身体正常运转的水平。就像有的人喜欢吃辣的，有的人喜欢吃清淡的，对不同的人来说，这个“大脑皮层的最佳唤醒水平”是不一样的。有的人唤醒水平很低，就像我们说的笑点低，稍有一点儿幽默，他们就会哈哈大笑；给一块糖的甜蜜，他们就会觉得人生太幸福了。但是有的人唤醒水平高，任凭你把他们逗到天上去，他们也不会笑；即使什么都拥有，也不会满足。

尤其那些变态凶手，他们“大脑皮层的最佳唤醒水平”过高，甚至高到看到鲜血淋漓、哀鸿遍野、残尸满地也无法激活。因此他们必须找点“别的事情”来做才可以。我们说某些人“重口味”，实际上就是在说他们“唤醒水平”高——寻常的刺激已经无法让他们兴奋了。

但是要靠“大脑汽车系统”和“最佳唤醒水平理论”来诠释犯罪原因，恐怕还是不够！因为它们没法解释环境、心理因素对其的干预，比方说，一个人在心情舒畅、环境“健康”的条件下，面对毒品的诱惑，就能“刹得住车”；而当这个人生活苦闷，周围有很多朋友也吸毒的时候，他对毒品的抵制也就不再那么有力。

对于犯罪原因的解释我们还是“任重而道远”，继续前进吧！

Part 2 >>>

从灵魂出发

结束了对肉体的探索，我们又转战到了人类的灵魂——心理！

讲到心理，我就不得不按常例搬出心理学中的“三驾马车”：行为主义、精神分析主义、人本主义！由于犯罪本身就是具体行为，所以在这里我们以行为主义的看法为主，精神分析主义为辅，而人本主义暂时忽略不计。

行为主义

人人都是“学霸”

我们每个人活到现在，都不是一张白纸，多多少少都经历过一些事情，见识过世间的善恶美丑。那么我们是怎么面对和处理好这一切的呢？说白了，就是通过两个字——学习！

就像动物刚出生的时候，它们不知道什么是食物，怎样获取食物，也不知道谁是敌人，怎么躲避敌人，只有靠“长辈”的指点，以及自己不停地“吃一堑，长一智”，才能顺利地存活下来，度过“兽”生。这中间稍有差池，就很可能“中道崩殂”，命丧他“兽”之口。

我们人类也是一样，一个人要战胜多少仇恨、愤怒、嫉妒、淫欲等等，才能顺利走完一生。如果这中间出了岔子——和动物不一样的是，它们可以肆意伤害和毁灭对方，以求胜利或自保——我们就可能会受牢狱之苦或者被结束生命。

“学习”一方面让我们能够避免犯罪，另一方面也能让我们从事犯罪，下面我们就来研究一下这背后的“始作俑者”——“操作性条件反射”！

提到这个“操作性条件反射”，大家可能觉得有些耳熟，因为我之前说过一个“经典性条件反射”。那么它俩的区别在哪儿呢？

首先，它俩就不是一个人提出来的！来看看一下它们的作者。

严肃的巴甫洛夫
经典性条件反射

意气风发的斯金纳
操作性条件反射

其次，它们的原理当然也不一样！

我们先简单回顾一下什么是经典性条件反射。

巴甫洛夫用狗做了一个实验，见下图：

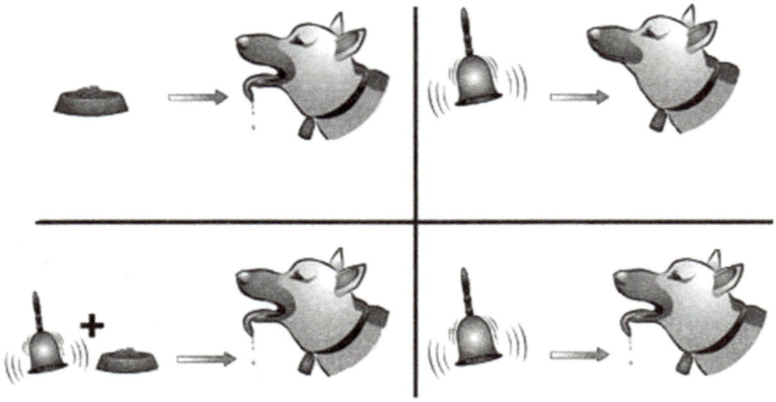

巴老头首先给狗看一盘肉（只准看不准吃），这下子给它馋得呀，口水哗哗地流淌。然后把肉撤走，单独给它听一段铃声。这时狗不流口水了，一脸彷徨："净给我整些没用的！"第三步，巴老头让响铃和肉同时出现，狗又开始流口水。最后，把肉撤走，只剩响铃，狗还是不停地在流口水："这事儿我有点儿控制不住哇！"

为什么它"控制不住"呢？因为经典性条件反射已经在它身上建立了！狗看到食物流口水，是本能的作用，而听见之前跟它八竿子打不着的响铃也开始流口水，则是条件反射的作用！

而斯老头斯金纳则认为在经典条件反射中存在着一个问题：狗不是自己主动做出某些行为来获得肉的，相反，不管它做什么，肉都会出现在它眼前。而斯老头认为在现实生活中，就没那么多"天上掉馅饼"的事，所以他提出了另一种反应形式，能让人"自己动手，丰衣足食"，主动产生新的行为——操作性条件反射！

具体见下图：

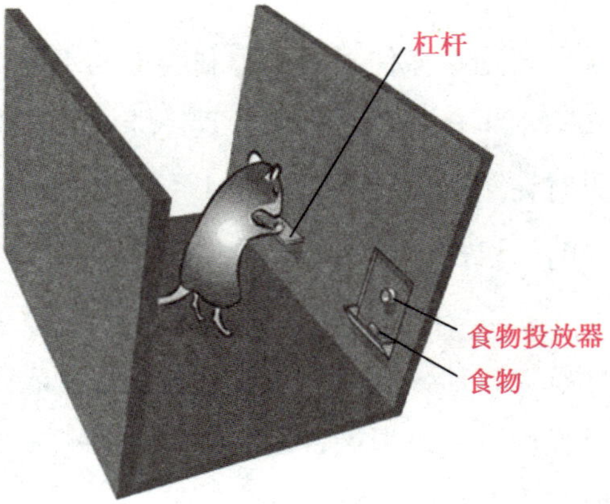

斯老头把一只小老鼠放进了他的实验装置里。这个实验装置非常简单，里面有一个杠杆和食物投放器，只要小老鼠按下杠杆，食物投放器里就会掉出一小块食物。刚开始小老鼠不明就里，只是在箱子里爬来爬去，摸上摸下，却无意间压下了杠杆，得到了一块食物。搞清楚状况后，它简直欣喜若狂，以后一想吃东西就拼命压杠杆，由此也就学会了“压杠杆”（得到食物）这个动作。

两个条件反射放在一起对比，我们能看出，操作性条件反射比经典性条件反射至少多了一样东西：强化物！如，小老鼠每次压下横杆时得到的食物。

其实早在斯老头和巴老头之前，就有哲学家提出了人类行为的原则——趋利避害！这位哲学家说，人类做出一切行为的原因不过就是两件事：追逐奖励和逃避责罚！这些奖励可能是物质的，例如钱财、实物，也可能是心理的，例如成就感、存在感，以及社会地位的提升和认同感，等等。

（这里我插一句，为什么是哲学家说的呢？因为在很久很久以前，心理学不是一门独立的学科，归属于哲学，直到1879年才从哲学里剥离出来，自立门户。）

而操作性条件反射正是抓住了人们趋利避害的本能，用强化物做“诱饵”，让人们不知不觉学会一个新行为，且还能一直保持这个行为。其实在生活中，我们无时无刻不被“强化”着。下面就来说一下“强化物”，它也是有很多讲究的，包括：正强化，负强化。

正强化：某样事物，让你在做完某个行为后得到鼓励，觉得做这个行为很开心，很有意思，以后还想做，做得越多越好……那么这个事物就是正强化。例如完成作业就给你一块糖，糖就是正强化。

负强化：某样事物，如果撤销或者减少了它，让你在做完某个行为后得到鼓励，觉得做这个行为很开心，很有意思，以后还想做，做得越多越好……那么这个事物就是负强化。例如完成作业就不打你了，“不打你了”就是负强化。

总而言之，正强化和负强化都是让你增加做某个动作的频率，不停地做，玩命地做……

那么怎样可以阻止你做某个行为呢？就是惩罚和消退！

惩罚：某样事物，让你在做完某个动作以后受到打击，觉得太伤心太沮丧了，以后再也不想做了！那么这个事物就是惩罚。

消退：根本没有“某样事物”存在好吗?!行为发生以后，既没有强化也没有惩罚，这个行为自然就会慢慢消退，自生自灭了。

很多人会把正强化、负强化和惩罚弄混，在这里也多说无益，大家看图吧！

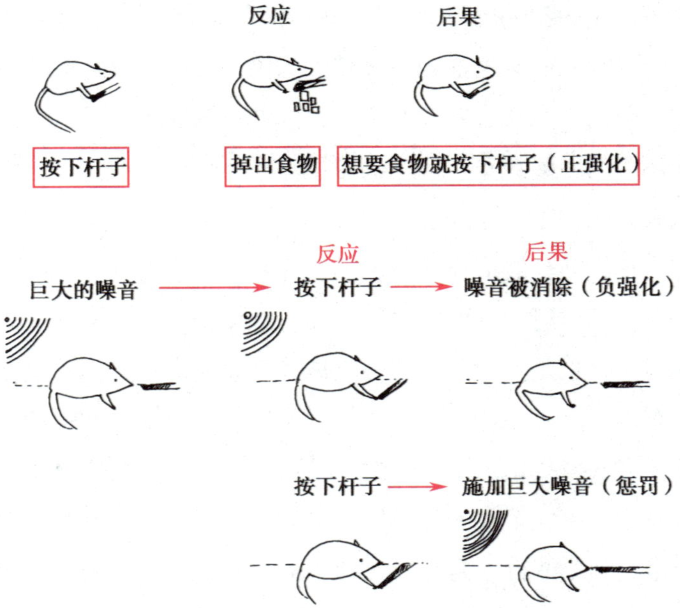

到这里，关于操作性条件反射的内容就说完了。

前面说过，对于犯罪而言，例如，强奸，甭管用的是正强化还是负强化，它形成的基本原理都是操作性条件反射！在没实施具体的犯罪前，强奸犯又跟被困在箱子里的小老鼠有什么区别呢？他们饥渴，焦躁，惶惶不可终日，急需找到一个办法来扭转目前的处境，让自己感觉舒服。无意间，他们找到了自己的“横杆”，并压了下去——强迫对方发生性行为，结果就收获了一小块属于他们自己的“食物”——欲望的满足。这下子尝到了甜头还得了？他们就开始在无尽的欲望里沉沦，不断重复实施着强奸。

话说到这里，既然我们已经掌握了犯罪形成的原理，为什么目前我们对于预防犯罪还是有心无力？

根据斯老头的观点：人生来就没有好坏之分……还是那句话，在人类社会中被判定为犯罪的行为，放到野外去那都不是事儿。我抢了你的东西又怎样？大自然的生存法则本来就是弱肉强食。就算把你杀掉吃了又怎样？我饿！只是，文化、社会和环境给人的行为贴了“好”、“坏”或者“不好不坏”的标签。

而且在一种文化中代表着好的行为，在另一种文化中不一定还是好的。比如，在某一社会群体中，人们认为小孩子手淫不对，提倡采用体罚的方式去阻止这个行为。但在另一个社会群体中，认为小孩子即使有天大的错，体罚小孩也是不对的，有可能被以重罪起诉。这种情况在电影《刮痧》中就有体现。

所以斯老头就提出来了：“嗯哼，那什么，如果想让犯罪行为销声匿迹，我们要创建出一个新的社会！在这个社会中，所有道德标准都是统一的！要严格明确哪些行为是犯罪，哪些不是！然后我们还要实现一个行为工程，让这个社会中的所有成员接受遵纪守法的操作性条件反射训练！最后我们还要……”

现在你们终于知道为什么人们还是不能预防犯罪了吧？因为斯老头的建议是一个不可能完成的任务，一个高不可攀的目标！且不说统一标准之难，就说操作性条件反射本身也有很多漏洞：对行为的强化物并不总是那么明显且容易被发觉的，而且强化机制本身也颇为复杂。例如，就拿抢劫来说，犯罪者可能是因为缺钱，还可能是为了提升自己在“江湖”中的地位，建立威信，或者仅仅是为了寻求刺激。你说把这三种可能中的哪一种当成“强化物”好呢？如果选择了错误的强化物去纠正，依然阻止不了犯罪的发生。所以怎样消除犯罪行为就变成了我们怎样去辨别区分这些强化物，怎样去阻止它们的发生，任务之艰巨困难，难于上青天！

现在我还是回到那个问题：

“你为什么没有犯罪？”

“因为导致你犯罪的‘强化物’一早就被人发现，并被‘捏死’在萌

芽里。”

就像下面这个例子：

一个小男孩儿一直喜欢体育用品，但是没钱买，所以就想到了也许可以尝试着去偷当地的体育用品商店。但是他是否会持续偷窃，将依赖于他个人受到的“强化作用”。如果他受到了正强化（偷窃成功，且偷到的东西非常适合自己，很喜欢），那么他就会继续行窃下去；如果他没有受到任何强化作用（偷窃失败，因为有其他人进入商店，或者发现偷来的衣服不合身），那么他偷窃的行为就会弱化。但是如果他偷东西的时候被当场抓住，且受到了惩罚，毫无疑问，他的偷窃生涯可能就此打住了。

天塌下来有大个儿顶着

以前我一直对一件事不解，有些人在生活中温文尔雅，彬彬有礼，可是一到了网上匿名发表评论时，那用语之恶毒，攻击性之强，简直是“倾尽所有，不留活口”！为什么会这样？难道生活压力太大了？直到我看到了一个词——“去个体化”，顿时明白了所有！

那什么是“去个体化”？先来看下面的例子：

在早年间（1970年左右），有一位心理学家做了一个实验。他买了两辆二手车，一辆停在国际化大都市最繁华的地带之一——纽约的曼哈顿大街上（相当于我们的“北上广”），一辆停在相当于我们三四线城市的一个小镇上，名字就不说了。这位心理学家就是要看看这两个地方的人会怎么对待他的车，结果是：

在短短的26个小时内，在纽约这个大城市，路人对心理学家的车洗劫一空！顺手牵走了电瓶、冷却器、空气清洁器、无线电天线、挡风玻璃的雨刮器、汽车保险杠上的镀铬、汽车的四个轮毂罩、缆绳、一罐汽车蜡、一个汽油罐以及最后唯一值钱的东西——轮胎。有意思的是，这些顺手牵羊的人不是问题少年，也并非来自某个犯罪高发区，所有的盗窃者都是衣冠楚楚的中产阶级人士。甚至还出现一家老小齐上阵，“组团”来拆汽车的。

相反，在那个小镇上，这位心理学家的那辆二手车停在大街上整整七天七夜也无人问津，完好无损。甚至在一个风雨交加的晚上，一位过路者还帮忙调整了敞篷的高低，以免车身受到大雨的侵袭。

这是什么情况？同样是二手车，为什么人们对待它的方式如此不同？

其实早在做这个实验之前，这位心理学家就提出了一个假设：当人的数量达到一定程度时，就会增加其中单独个体的“匿名感”！说白了，就是如果你是其中一员，你会感到自己的身份已被群体淹没，自己不过是大海中的小水滴：“谁认识我是谁呀？”在这种情况下，你个人的身份就变得模糊不清，不用再担心为自己的行为负责，可以摆脱道德和法律的约束，变得肆无忌惮。

人们这种“当自己被群体淹没时所体验到的，一种不易被人识别出，并且不用对自己的行为负责的感觉”，就是去个体化！

而纽约人口众多，只要你没有侵犯某人或者破坏某一团体的财产，谁会管你究竟做什么？因此这里的人更容易“丧失自我”，逃脱对自己的行为负责，就更容易对这辆“废弃”的二手车有“非分之想”。有的时候，过路者甚至停下来与顺手牵羊者若无其事地闲聊。

反之，在小镇中，人们彼此都熟悉，都是“乡里乡亲”的，谁不知道谁啊。而且，一旦你做了什么“出格”的事，马上就会沦为周围人的饭后谈资和嗤之以鼻的对象！所以大家都不敢“轻举妄动”。

最后实验结果也确实印证了他的这个假设。

用“去个体化”来解释某些团体犯罪的原因就再合适不过了，大到大屠杀、暴力团伙，小到聚众砸抢、机场骚乱！而想让“去个体化”成功实现，必须具备一个先决条件：人多！

只有人聚集够一定数量，其中个人的身份才能更好地被掩盖。除此之外，同样的伪装，同一种面具，与他人穿着一样的衣服，或者置身于黑夜的包围中，都能达到如同大量人群般的效果。而当个人身份被淹没时，人们就会产生电影里“变身”一般的效果，无论是虐待性、攻击性还是暴力性，都激增了很多倍。这一现象也正好说明了为什么在人类古代战争中冲锋陷阵的勇士总是头戴面具，身披盔甲，全副武装，而当代的战士、游击队员都穿着统一的服装，以达到去个性化的效果。这也可以解释类似黑手党的成员，为什么他们能在白天以正人君子的面貌示人，晚上却成为杀人不眨眼的恐怖分子，同时也可以解释为什么有些人在现实中谨言慎行，到了网络中却变得丧心病狂。

其次，能让“去个体化”成功实现的另一个条件是：氛围！

小说《玉观音》里有一段话让我印象深刻，大意是，有人问女缉毒警察：“你面对的毒贩都是一群亡命之徒，还全副武装，你在枪林弹雨中冲锋陷阵的时候不会害怕吗？”女缉毒警察说：“是人肯定会害怕，我还是女人，更胆小。但是在我们部队内部有一种氛围，就是人人都要冲上前去，去战斗，哪怕牺牲也无所畏惧！如果你到了这种环境，也会被感染的，我就是被它激励着，将生死抛至脑后。”

氛围的力量到底有多大？看完下面著名的“斯坦福监狱实验”，你就知道了。

这个斯坦福监狱实验是谁发明的呢？就是菲利普·津巴多，美国著名的心理学家，我们以下简称津巴多大叔。其实对于津巴多大叔我们并不陌生，因为现在市面上很多流行的心理学教材就是他写的，比如《心理学与生活》、《津巴多普通心理学》。

来看一眼他深邃的眼神：

“斯坦福监狱实验”就发生在斯坦福大学心理系教学楼的地下室中。在那里，津巴多大叔和他的同事们营造了一个模拟监狱，无论物理环境，还是心理环境，都与真正的监狱相差无几：牢房，囚犯制服，监禁代码，统一制服的狱警，一些防止身份辨认的因素（狱警佩戴的墨镜等）。所招募的学生志愿者也都是经过了临床心理学家的访谈和心理测试的甄选，以确保他们的身心健康和情绪稳定，而且每人每天有15美元的报酬。

这项实验需要的两种角色——狱警和囚犯，都是通过抛硬币的方式随机选取的。然后，“囚犯”意外“被捕”，随即被警车带入模拟监狱。在这里，他们被戴上手铐，验明正身，获取指纹，载入档案，分文不剩，发放统一的囚衣。最后，还有三名囚犯一起被安置在一个约5平方米大的牢房里。

狱警戴着墨镜，身穿统一制服，以达到去个体化的目的。此外，他们还配有权力的象征：警棍，牢房的钥匙，哨子以及手铐。囚犯在做任何事情之前都要向他们请示，获得许可。而狱警自身也有一套行为规范。

这一切各就各位后，“氛围”开始慢慢发挥它的魔力了：

“在短短的6天时间里，无论是狱警还是囚犯，都已经熟练掌握了自己的生存法则。第四天，那三名囚犯就开始歇斯底里地哭闹，出现了思维混乱、神志不清以及重度抑郁的症状。没有办法，只好将他们‘提前释放’。其他囚犯也苦苦哀求，宁愿分文不剩地退还报酬，只求早日‘出狱’。

“大约三分之一的狱警滥用职权，虐待囚犯，毫无人性地伤害囚犯。其他的狱警恪守规则，但是对待囚犯仍然非常严厉，并且对于同事滥用职权的现象熟视无睹，更没有人愿意站出来为囚犯伸张正义。这一现象在真正的监狱中也是非常普遍的！

“一位曾在监狱中服刑过16个月，现在已刑满出狱的囚犯，当他走进这座模拟监狱的时候，只觉得一股厚重的压迫感扑面而来，咄咄逼人，让他喘不过气来，觉得一秒钟也不能多做停留，逃也似的从里面跑了出来。”

鉴于上述情况，津巴多大叔被迫将原定为期两周的实验，在第六天就匆匆结束。

他事后得出一个总结：“许多人，或者说大多数人，当他们身处一个能在心理上产生压迫感的情境时，无论他们在正常状态下的道德感、三观以及信仰如何，这个时候他们可以全部将其‘清零’，做出任何意想不到的事！”

“氛围”在这里充分发挥了它的惊人作用！

“你为什么没有犯罪？”
“因为你没有被‘去个体化’！”

精神分析主义

身份危机

我们知道人从出生起，都是在不断生长着的。这个生长包括身体的生长，也包括心理的。

我以前说过弗洛伊德的“心理发展理论”，其中包括：口唇期、肛门期、性器期、潜伏期和青春期五个阶段。这个理论是说，在人生长的每个时期，都要面临一种心理冲突，而冲突的种类则由天生的性能量（力比多）聚集在哪个部位决定。比如口唇期就是力比多聚集在口部，这个时候人主要通过吮吸、撕咬等动作来满足欲望。如果在这个时期没能很好地解决心理冲突，不让其得到欲望的满足，那么这个人的心理就可能永远滞留在这个阶段，虽然身体长大了，可是心理还是“小孩子”。所以在这个人成年的躯体上，会变相地犯着小孩子犯的错，比如抽烟、嗑药、酗酒和沉迷口交——这都是心理停滞在口唇期带来的问题。

在这里，我要请出一个人，这个人也提出了跟弗大爷类似的观点，只不过随着时代的发展，他的观点更完善，既考虑到生物学的影响，也考虑到文化和社会的影响，相当于“心理发展理论”2.0版本。这个人就是弗洛伊德的女儿安娜·弗洛伊德的徒弟埃里克森！我们以下简称埃老头。

微笑着的埃老头：

埃老头认为人的一生可以分为八个不同的阶段，每一阶段都有它特定的发展任务。任务完成得成功与否，就是两个极端，靠近成功的一端就形成积极的品质，靠近不成功的一端就形成消极的品质。而每个人的“人品”都处于两极之间的某一点上。如果处理不当，造成消极的品质，就有可能出现“身份危机”！而这个“身份危机”就是人们日后犯罪的巨大隐患！下面我们就来看看这八个时期的“身份危机”分别都是什么。

第一阶段：信任和不信任（0—1岁）

任务：满足生理上的需要，发展信任感，克服不信任感，体验着希望的实现！

婴儿期是人一生中最脆弱无助，同时也是需求最少的时期，因此，只要满足其两点就基本可以保证“天下太平”：信任感和生理需要（吃喝拉撒睡）！婴儿从生理需要的满足中，感受到身体的康宁与安全，于是对周围环境产生了一个基本信任感；反之，婴儿便对周围环境感到怀疑，不信任。

这一阶段相当于弗大爷的口唇期，但又不同于口唇期，因为在具体的解释上有了很大的扩展。埃老头强调，口唇部位是这一阶段欲望满足的重点，这不假，但更重要的是要能通过口唇与外界进行交流、互动。婴儿之所以喜欢把东西放进口中，是因为他们想把周围的东西与自己合并！埃老头把他们这种做法称为“口腔合并”。婴儿可以通过这种方式来产生信任感。

除此之外，婴儿信任感的建立还可以抛开口唇的约束，比如和母亲的互动。母亲把她的爱和关怀（抚摸，呢喃）传递给婴儿，而婴儿感受到温暖和疼爱后，会进一步生成信任感，然后把自己的喜悦回馈给母亲——这也是人们自出生以来进行的第一次“社交”。

如果这个人在人生的最初阶段建立了信任感，将来在社会上可以成为易于信任和满足的人；反之，他将成为疑心重重和贪得无厌的人。

这一阶段的身份危机是：多疑！

第二阶段：自信和不自信（1—3岁）

任务：让自己获得自信，克服羞怯，体验着意志的实现！

埃老头认为，这时幼儿除了养成合适的大小便习惯外，他们已经不满足于停留在狭窄的空间之内，而渴望着探索新的世界。

这一阶段相当于弗大爷的肛门期，但在内容上同样有很大扩展。我们都知道肛门是怎么工作的——通过括约肌的收缩和扩张，控制大便的留存和排放。而埃大爷在这里，再次从弗大爷所指的具体的肛门部位超脱出来，把这种“工作原理”引申到了儿童身上的其他各种活动中！比如，本阶段儿童表现出的一种类似肛门活动的特点：他们抓住物体又抛开；不时缠着大人，又不时离开……总之是一种“保持与排除、坚持和放弃并存”

的若即若离的状态。

同样的，这个时期在他们的心理上，一方面产生了一点儿自信（能独立行走和自己进食），觉得自己可以控制一些事情；另一方面又会对自己突然间的“成熟”感到不自信，会羞怯退缩。所以这时成年人跟他们的关系受到严峻的考验，因为成年人要学会掌握一个“度”：一方面要利用儿童的自信，在某些方面给他们适当的自由；另一方面，又要利用儿童的不自信，在某些方面给予有节度的控制。这样就可以形成儿童宽容和自尊的性格，否则儿童会感到羞耻，并缺乏自信。

这一阶段发展任务的完成情况将决定这个人今后能否适应社会生活，能否遵纪守法。

所以这一阶段的身份危机就是：自卑和无度！

第三阶段：主动和内疚（3—6岁）

任务：掌握主动和克服内疚感，体验目的的实现！

这一阶段相当于弗大爷的性器期。埃大爷依然从阴茎的活动方式中，巧妙地引申出本阶段的活动特点，称之为“侵入”。而且他认为“侵入”这种活动已不局限在生殖器区，还包括利用身体的攻击侵犯别人的身体，使用侵犯性的语言侵入别人的耳朵和心灵，用位置上的移动侵入别人的空间，用无限的好奇心侵入未知事物。

本阶段儿童已有了更多的自由，能从言语和行为上来探索和扩充他们的环境。这时社会也向他们提出挑战，要求他们“主动出击，敢闯敢干”，并且要有目的性。在这个情况下，他们发现其实向外扩张并不是件多难的事。难的是，他们在“开疆扩土”的同时，要与他们曾经信赖的人发生冲突（质疑对方的权威），这会让他们有一种深深的内疚感。就像曾经在我们成长过程中起到“教父”角色的长辈，在我们长大后发现对方其实也不过如此，我们会有一种矛盾的心情——主动出击VS内疚。

弗大爷认为这个阶段是产生恋母情结——俄狄浦斯情结的时期。但埃老头不太同意这个看法，他认为男孩儿和女孩儿虽然对自己的异性父母产生了爱慕之情，但却能从现实关系中逐渐认识到这种情绪的不现实，然后逐渐从异性同伴中，找到可以替代自己异性父母的对象，使恋母情结获得最终的解决。

埃老头还认为，个人未来在社会上取得的成就，都与儿童在本阶段能不能很好地“主动出击”有关!

这一阶段的身份危机是：罪恶感!

第四阶段：勤奋和自贬（6—12岁）

任务：获得勤奋感，克服自卑感，体验能力的实现。

这一阶段，相当于弗大爷的潜伏期。弗大爷觉得上一阶段恋母情结的解决，让体内那些蠢蠢欲动的性能量暂时平息下来，一时半会儿不会有什么“危险”了。埃老头则认为，这个阶段是儿童继续投入精力和欲望，尽自己最大努力改造自我的过程，仍不能掉以轻心。这时儿童已开始意识到进入了社会，他们必须在众多的同伴之中占有一席之地，否则就会落后于别人。

他们一方面在积蓄精力，勤奋学习，以求学业上的成功；另一方面，在追求成功的努力中又掺有害怕失败的情绪，可谓是“勤奋并自卑着”！其中自卑感的产生可以有各种不同的根源，原因之一就是前一阶段的任务没有完成好。

许多人将来对学习、工作的态度和习惯的好坏，都是由本阶段勤奋感的发展情况决定的!

这一阶段的身份危机是：自我贬低!

第五阶段：自我统合和角色混乱（12—18岁）

任务：建立同一感和防止混乱感，体验着忠诚的实现。

该阶段相当于弗大爷的青春期。我们都知道，人的一生中要经历两次风暴时期，一次是更年期，一次便是青春期。当时的骚动、焦虑、恐慌和不安，经历过的人都会深有体会。就好像前一个阶段蛰伏的性能量在这时突然“觉醒”，随即要爆发摧毁一切。在这个阶段，虽然人的身体发育从外表上看已经非常接近成人，社会觉得你可以承担更多的责任和义务，不再是可以“少年不识愁滋味”的时候了，但是心理的发育速度却远没有跟上身体，很多事觉得自己没有勇气承担和做决定，常常有种“打肿脸充胖子”的感觉。因此这时候会发生角色混乱，不明确自己在性、工作、生活中该扮演什么角色（比如性别角色混乱：男生像女生，女生像男生）。所以这时的青年常常会做出一件事：拖延——千方百计延缓要承担义务那一刻的到来。虽然达到身心统一和拖延的过程都是非常痛苦的，可这是人生通往成熟的必经之路，走完这段路便是破茧成蝶那一刻的到来！

这一阶段的身份危机就是：角色混乱！

如果说以上五个阶段是针对弗大爷的心理发展理论提出来的，那么下面的三个阶段就是埃老头独创的，这也使得他的理论更加完善。

第六阶段：亲密和孤独（18—25岁）

任务：获得亲密感以避免孤独感，体验着爱情的实现！

大家都在为寻找伴侣做着准备，并且自愿分担两个人生活带来的改变，比如相互间的信任、生儿育女、工作的调整等。说白了，就是该谈恋爱的谈恋爱，该结婚的结婚，要在正确的时间里做正确的事。当然，在寻找伴侣或者两人的相处中有很多偶然的因素，不一定一帆风顺，这里面就存在着“一旦找不着对象怎么办”的担心，和“恐怕要孤老一生”的孤独感。埃老头认为这个阶段能不能完成获得“亲密”的任务，对是否能满意地进入社会起着至关重要的作用，搞不好就会来个仇视社会啥的。

“剩男剩女”的恐慌就发生在这一阶段。

所以这一阶段的身份危机是：孤独！

第七阶段：精力充沛和颓废迟滞（25—50岁）

任务：获得繁殖感而避免停滞感，体验着关怀的实现！

这一阶段，人来到了中年，男女基本都建立了家庭，他们的兴趣扩展到下一代身上。这里的繁殖不仅指个人的生殖力，主要是指关切和指导下一代成长，因此，有人即使没有自己的孩子，也能通过教育别人的孩子收获繁殖感。而缺乏繁殖感的人，则会固步自封，沉浸在自己的天地中，产生一种人生停滞不前的颓废感。

“中年危机”就发生在这一阶段，比如“出轨，婚外情”，很明显，为的就是打散笼罩在心头的颓废感和停滞感。

这一阶段的身份危机是：颓废和停滞！

第八阶段：完美无缺和悲观沮丧（老年期）

任务：获得完善感，避免失望和厌恶感，体验着智慧的实现！

这时人生进入了最后阶段，如果对自己的一生没有太多的遗憾，又过得比较满意，就会有一种“圆满”的感觉，即使下一秒就死去，也安心泰然。这里要想达到“没有遗憾”和“比较满意”的程度，不一定是活得多么“成功”，比如物质上很富足，而是一种精神的高度，是一种长期锻炼出来的智慧和人生哲学，让自己更好地对待生命。反之，如果人达不到这个层面，就不免会对死亡心生恐惧，觉得人生苦短，感到厌倦和失望。

所以这一阶段的身份危机是：悲观厌世！

以上就是埃老头的“心理发展理论”，跟弗大爷和其他人都不同的是，他的发展过程不是一维性的，即一个阶段不发展，另一个阶段就不能到来，而是二维性的，每一个阶段实际上不存在发展不发展的问题，而是发展的方向问题，即方向有好有坏。

最后我再总结一下这八个阶段的“原罪”：多疑、自卑和无度、罪恶感、自我贬低、角色混乱、孤独、颓废和停滞、悲观厌世！

“你为什么没有犯罪？”

“因为你人生八个阶段中的任务完成得都还说得过去！”

恶魔在左，疯子在右

我们常听到一句话，叫“天才在左，疯子在右”——有的时候，疯子与天才只有一步之遥。而对犯罪而言，疯子和恶魔往往难分彼此！

看看下面这些疯子的罪行，你能看出他们跟真正的恶魔有什么区别吗？

疯子一号：理查德·蔡斯（我们可以叫他小斯）

小斯于1950年出生在一个普通的工人家庭，他的父母经常吵得不可开交。小斯早年就显现了一些特殊之处：他小学时喜欢放火和折磨动物。十几岁的时候，又开始露出一些“怪异”的迹象：尽管他挺招人喜欢的，可一旦约会女孩子，性情就会急转直下。他阳痿了好几次，于是开始酗酒，吸食毒品。他曾看过一次精神病医生，被诊断为“严重精神病”，但医生却没有叫他住院治疗。

此后，他的行为更怪异了，而且变得邋遢不堪。他会把自己的储物柜用钉子封起来，因为他觉得会有人从里面“入侵他的空间”。有一次，他竟然跑到急诊室抱怨，说有人偷了他的动脉。还有一次，他觉得自己的骨头正在从他的脑后向外长出来，又或者他的心脏停止了跳动。这时，他被诊断为“妄想型精神分裂”，情况比以前严重多了。

小斯认为自己的阳痿是缺血造成的，于是他开始一门心思地杀死动物，喝它们的血，还往自己身上涂。有一次，他给自己注射兔血，结果当然是差点儿死掉，因为那血根本就没法和人的匹配。不仅如此，他还经常弄些猫猫狗狗来折磨。

进入20岁后，他慢慢升级到杀人，并且掏他们的内脏！先是一名男子，然后是两名妇女，还有三个孩子。他喝他们的血，当然还是指望着能治好他性无能的毛病。对于其中一名女性，他在杀死她后做了令人发指的行为：他切下了她的乳头，往她嘴里塞粪便！

疯子二号：乔瑟夫·卡林杰（我们可以叫他老杰）

老杰是一对严苛父母的养子，他们除了揍他，就是在他还小的时候嘲笑他的“小鸡鸡”永远也硬不起来。这导致了他结婚并生了几个孩子之后还总是担心自己的阴茎。到了快40岁时，他声称上帝对他发话了，告诉他去杀掉一些年幼的孩子，切掉他们的阴茎。然后他就照办了！他先后杀掉了自己的一个儿子，一个小男孩儿，还有一名护士，并且还对她实施了性伤害。不仅如此，老杰还说自己有961岁，曾经是只蝴蝶。

疯子三号：杀害舞蹈家莫妮卡·伯利的凶手C

C通过朋友认识了舞蹈家莫妮卡·伯利，后来他们开始同居。俩人大麻都吸得很重，结果C产生了可怕的幻觉，认为自己是地球的“主人”，使命就是要“领导魔鬼的崇拜者，铲除所有异己”！他把自己称作“966”，因为他说1966年的时候，有三个神从墙里面出来见他。他杀死了莫妮卡，肢解了她的尸体，把她的头放在厨房的锅里煮，还把她的一部分肉储藏起来。不仅如此，这些肉煮熟之后，他还不可思议地把它们派发给周围一些无家可归的人。

疯子四号：精神分裂症患者D

D是一名40多岁的精神分裂症患者，他在医院治疗过很多次了，一旦出院便停止服药，然后复发。在病情发作的情况下，他想象着FBI在追踪他；他希望所有人都能扔掉他们的钱和信用卡，这样才能拯救世界，因为没有了这些东西，就没有战争和犯罪了（想得还挺有道理）；他在城市里游荡着，等待出现彩虹或者别的什么东西来把他变成一头熊；最后，他开始相信他母亲就是魔鬼！因此，他用匕首攻击了她，刺了她很多刀以后挖出了她的双眼。他杀死母亲是为了服从幻听到的声音，那仿佛是来自上帝的命令，让他“杀死魔鬼”。在这次凶杀前不久，他还在医院抱怨有个卫星在发射放射性物质到他脑子里，让他觉得自己的生命很危险。

疯子五号：文森特（我们可以叫他特特）

特特开了一家书店，他出售一些普通的书，但对珍奇的书却舍不得脱手。在一次司法拍卖中，一个叫P的人以高于他的竞价买到了一本对他来说非常珍奇的书。几天之后P和P的家都被焚烧了。没过几个月，人们又在书店附近发现8具尸体陈尸街头，都是些富裕的大学生，身上还带着钱。

经过调查，特特被捕了。在得到保证不会让他钟爱的书失散，并且会将它们收藏在图书馆后，他坦白了以下事实：为了拿走那本书，他潜入P家中，掐死了P，然后纵火焚烧了他的家。有一天，一个牧师想从他那儿买本古版书，特特竭力劝说那位牧师别买，但牧师仍然坚持，并照他的要价付了款。“我立即后悔了，跟在他后面求他把书退给我。他拒绝这么做，我就杀了他。这事也发生在其他人身上，但都是出于善良意图，我想为科学积累财富，为科学保存那些珍宝。如果我做了坏事，你们怎么处置我都行，但别让我失去我的书，因为我而惩罚那些书是不公平的。”

当审判长问他怎么能对上帝的创造物下得了手时，他回答：“人是会死的，但书却必须保存，它们是上帝的光荣。”他听到死刑判决并没有掉泪，但听说他一直视为孤本的书并非独一无二，他哭了。

我们可以从上面的例子看出，精神病犯罪和普通犯罪实乃犬牙交错，难以明辨。他们有可能是真疯，有可能是装疯，或者两者兼有！即使是“真疯”的人，也不敢保证他们在犯罪时是处于疯癫还是清醒；对自己的所作所为全然不知，还是非常清楚自己的做法是错误的。

鉴于这种情况，心理学家总结出了几点普通犯罪人和精神病犯罪人的区别，大家可以参考一下：

——有些偏执的精神病犯罪人总是偏爱使用某个词，这个词完全成了他的标志，他的其他同伴是看不懂的；而在普通犯罪人的同伙之间，暗语是为大家共同理解的。

——普通犯罪人总是喜欢游手好闲，会整天泡在酒吧或妓院里；精神病犯罪人绝不会这样，他们一般很朴素，孤独，勤快，驯服，并且性格温厚（当然，是没犯病的时候）。

——普通犯罪人知道他们的行为是受公众谴责的，精神病犯罪人几乎根本不能意识到这一点。

——精神病犯罪人从来没有同伙，不设法制造犯罪时不在场的证据，不采取最起码的谨慎措施以掩盖犯罪，他们可以在光天化日和大庭广众实施犯罪。

——精神病犯罪人与普通犯罪人一样，对犯罪麻木不仁，但他们对随后面临的刑罚同样也能麻木不仁，普通犯罪人通常会痛哭流涕或者吓尿了。

——对于普通犯罪人来说，能促使他们犯罪的原因五花八门，多种多样，有时候甚至是微不足道的，比如某个杀人犯仅仅是因为对方唱歌太难听，就把对方杀掉了；而对于精神病犯罪人来说，最常见的情况是缺乏任何犯罪诱因："我都不知道我为什么杀人。"

——普通犯罪人从来不杀他们所爱的人，除非是出于某一特殊理由；而精神病犯罪人首先仇恨自己，其次是他最亲近的亲属和朋友，再其次是周围的人、国家和一切人。

——精神病犯罪人不仅不处心积虑地掩盖自己干的坏事，还热衷于谈论它们，能够轻易地写出自己的经历。这并不是因为他们厚颜无耻，而是因为他们深信自己没有罪过，认为自己的行为是出于自卫，甚至有时认为自己完成了一个功绩。而普通犯罪人总是掩盖犯罪，但当与其他犯罪人在一起的时候却愿意谈论犯罪，而且表现得厚颜无耻。他们不仅不为犯罪作辩解，还夸大自己的犯罪，同时，承认自己的行为对社会来说是有害的。

——对普通犯罪人来说，杀人是手段；对精神病犯罪人来说，杀人是目的。

“你为什么没有犯罪？”

“因为你没疯！”

Part 3

父母“毁了”我们

我记得有人说过，父母养育孩子的过程，其实就是“毁”孩子的过程。因为小孩在刚出生的时候是一张白纸，而父母就把人们认为“正确”的方式，他们的梦想，他们的遗憾，他们的过度关心或者故意忽略等，统统加到孩子身上！不能确定在这个过程中他们是有意的还是无心的，总之事情就自然而然地发生了，而且在孩子身上留下的影响难以磨灭，无法逆转。所以我们可以理解这世上为什么没有“完美”的人了，因为没有像物理学中“理想状态”下的家庭环境，更没有“完美”的父母！

举个例子，一位母亲可能很爱自己的孩子，至少她觉得自己是竭尽所能地对孩子好，但这母亲在性格上也有缺点——爱占小便宜，所以她会在有意无意间把这个想法传递给孩子，比如指使孩子偷拿别人晾在外面的小玩具，或者鼓励孩子捡了东西不要交给失主，拿回家来就好。而孩子为了取悦母亲，同时为了得到褒奖，他当然会不假思索地这么做。殊不知，孩子无形中在内心深处被塑造出了错误的价值观。当然，这种错误的想法也许不会让他在成年后犯多大的罪，但是在某些时候贪小便宜吃大亏，摔几个大跟头却是免不了的。

除此之外，是父母对孩子身体的影响。

再举一个例子，一对父母太宠爱他们的孩子，以至于“好心办坏事”——他们允许孩子含着糖睡觉，而且平时也可以不刷牙。结果可想而知，当这个孩子长到20岁的时候，就已经是一口烂牙，甚至几颗负责咀嚼的主要功能性牙齿也已经被拔光了。这个孩子如果还想正常吃东西，除了花费昂贵的价钱种植一口新牙，别无他选！

这里只是两个很普通的小例子，只能算是父母养育“事故”中的冰山一角。普通人的家庭尚且如此，更别提犯罪者的父母了，就没几个能“拿得出手”的。要是再延伸到杀人狂魔的身上，我只能说，他们的家庭本身就是一个“地狱”，所以才出了他们这样的“魔鬼”！

下面我们就来看看“魔鬼”的父母都是什么样子的。

残忍

麦克是一名精神变态的连环杀手。他出生于一个中产阶级家庭，在几个兄弟中排行居中。他的父亲是名空军中校，对儿子的严厉是出了名的。麦克5岁时，父亲就会因为他犯的一些小错儿，把他的头摁到水里惩罚他。而他的母亲一直都是个酒鬼，有时也会因为麦克不听话将他暴打一顿。她同时还滥交，经常从酒吧带男人回家，尤其是当她丈夫驻扎得很远的时候。再加上麦克是几个孩子中最不听话的，因此他就成了父母撒气最多的目标。

父母的残忍对待，外加母亲的浪荡行为，为麦克日后的犯罪埋下了罪恶的种子。我们都知道每个人在年少的时候都会经历“叛逆期”，而这时表现在男孩儿身上的特点就是：人情冷漠，标新立异，寻求刺激，外加桀骜不驯，对惩罚无动于衷。父母这个时候如果不采用正确的方法疏导，而是不择手段地企图通过加强惩罚来强迫这样的儿子服从，结果只能更加激发他们的反叛，最终形成恶性循环。而麦克也在一轮一轮的被暴打中，性格变得愈发扭曲。

和我们在上一篇提到的变态性虐杀手“雷”一样，麦克也想建一个行刑用的房间，只可惜他没有那双“巧手”，也没有吸引人的社交能力。无奈，他转而向自己的5任妻子撒气，对待她们非常残暴。其实这5个人没有一个是心甘情愿跟他在一起的，只因为他拿色情照片讹诈她们，逼她们就范，所以她们一直害怕揭发他。后来他觉得这样也无法满足自己，干脆走上连环杀手的道路，一口气杀死了二十多个人。其手段之残忍，有些被他折磨的受害者，不求别的，只求速死！以至于一些犯罪纪实作家描述起他的罪行来都说：“如此邪恶，无法形容的坏，骇人听闻的血腥，简直是无穷无尽的恐怖！”

麦克对女性的憎恨，已达到妖魔化的地步，这种程度无疑来自于他对母亲的厌恶，因此他把所有女人都看成是妓女和荡妇，只配被强奸和弄死！他认为女人都是“邪恶”和“强大”的，必须施以打击，于是他便有种消除这股势力的冲动。而他一次次地杀死无辜的女性，其实可以被理解为“连环弑母”——一次又一次地象征性地杀害他的母亲。“杀不掉真的母亲，就杀掉她的替代品！”在他18年的连环杀手生涯中，这个仇恨的黑洞吞噬、毁灭了所有靠近的女性。而对自己所做的一切，麦克甚至还形成了“理论”：

“内心施虐的冲动就是要对别人实现完全的控制！让她们成为我意志的纯粹玩物，而我是她们的绝对统治者，是她们的神！最根本的目标就是让她们痛苦，没有什么权力比让她们痛苦更伟大！”

忽略

英国有个心理学家哈利·哈洛，用猴子做了一个著名的“母爱剥夺实验”，被称为改变了全人类。

见下图：

实验的基本内容是：给一些小猴子找代理妈妈，一部分猴子的妈妈是铁丝做的，称为铁丝妈妈，一部分是绒布做的，称为绒布妈妈，喂养方式完全一样。

以下是实验的一组惊人数据：

1. 给猴子们相同的食物，猴子们吃得差不多，但是铁丝妈妈养的猴子消化不好。

2. 如果受到惊吓，小猴子跑向绒布妈妈，不管谁喂的它们。

3. 小猴子会拥抱、亲密绒布妈妈，如果没有绒布妈妈，小猴子就吓得蹲在地上，团成一团，战栗，吃手指，摇摆……

4. 如果小猴子和代理妈妈分别30天，当被送回到代理妈妈身边时，绒布妈妈养育的孩子会飞快地扑向绒布妈妈，拥抱，亲热，高兴……铁丝妈妈代理的孩子，只会找个角落蹲下来，冷漠。

5. 猴子孤儿一般都会出现吃手指、摇动的现象。

当代理妈妈们养的小猴子长大后：

铁丝妈妈养育的小猴子：

1. 冷漠，呆滞，类似于自闭儿童行为。

2. 所有的公猴子都失去了寻偶和交配的能力，未能有下一代。

3. 有18只母猴子自愿“结婚”了，有18只母猴子“被强迫结婚了”。

4. 这36只“结婚”的猴子，仅有20只生了小猴子。

5. 这20只生了小孩子的母猴子，有一只极其笨拙地喂自己的孩子，有7只对自己的孩子视而不见，毫不理睬，有8只殴打、虐待自己的孩子，还有4只竟然杀死了自己的孩子！

而绒布妈妈养大的猴子基本上都正常地生活了……

这个实验的结论是：母爱，缘于温柔的抚摸、摇动、玩耍，如果你能提供这三个变量，你就能满足一个灵长类动物的全部需求。显然，被铁丝妈妈养大的小猴子们已经是被“剥夺”了母爱。

有道是“世上只有妈妈好，没妈的孩子像根草”，在生命的头几年中被母亲忽视比被父亲忽视造成的损害要大得多，而男孩在十几岁的时候缺失父亲的话也会造成很严重的后果。

成长期间缺乏母爱，而且也没有替代性的母爱补偿，最终会剥夺孩子身上我们称之为“人”的品质。这样环境中长大的孩子日后就可能成为哈利·哈洛的猴子试验品——被金属丝“养大”的猴子。跟着金属丝“猴妈妈”长大的猴子在社交和性欲上都有重大缺陷，而被剥夺母爱的孩子长大后也会出现同样的残缺——他们会从小便拒人于千里之外，对人对事都表现得心胸狭隘，暴躁易怒，充满敌意和嫉妒。

几乎三分之一的连环杀手都曾遭受过父母的忽略。这里我们就举一个莱昂纳德·雷克的例子，以下我们简称他为雷克。

雷克的父母在他很小的时候就一拍两散，整个家庭分崩离析，于是他再也没有跟自己的母亲待在一起过，而是跟祖父母生活。就算是仅有的几次跟妈妈接触，感觉也不是那么美好，甚至有些怪异。因为母亲鼓励他去偷拍女孩子的裸照，包括雷克的妹妹和几个表姊妹。她这么做，似乎是想让儿子对人体产生欣赏，可是实际效果却不是如此，而是激发了雷克无法忘怀的色情念头，后来发展成了跟妹妹乱伦的习惯。

也像连环杀手“雷”一样，他后来跟一个同伙在一个偏远的地方建立了一个行刑点，前后被他们绑架折磨致死的有二十多人，其中大多数为女性。他们把受害者的尸体放在临近的一个焚烧炉里烧成灰。对有些受害者，他们甚至拍摄了“临终记录”——记录受害者被谋杀过程的片子。此外，雷克还有记笔记的习惯，他在笔记中毫不掩饰地提到自己对于那些漂亮女人和有钱男人的嫉妒：那些人总能享受最好的生活。对他们，雷克说：“我活着就是要纠正这些错误！”

雷克对于女性受害人的捆绑和奴役，正是他对母亲忽视和抛弃的对抗：他脑海中的女人都是不能移动，不能逃走的。他对女人的折磨，是要彰显他对她们有着上帝般的生杀大权，女人是他股掌中的玩物，而不是像他的母亲那样，对他召之即来挥之即去。

羞辱

如果你看过电影《魔女嘉莉》，就会知道“羞辱”造成的后果有多严重。在现实生活中也一样，大概有三分之二的连环杀手遭受过父母一方或双方的羞辱。对于年幼或青春期的男孩儿来说，有些“镇压”方式明显是过头了，令他们难以消化，尤其是一些涉及性能力、男子气概之类的嘲讽，杀伤力更大！羞辱要是足够严重或者长期反复的话，可能会降低男孩的自尊，让他们更加受伤或者愤怒，最终会向羞辱他们的父母发出抗议。但是抗议通常只会换来新一轮更严厉的“镇压”，如此恶性循环，周而复始。

比如连环杀手E，他是由母亲和继父养大的，从来不知道自己的亲生父亲是谁。跟很多连环杀手一样，他也有尿床的毛病，持续时间超过了一般人，因此遭到了继父的嘲弄，把他叫作“尿裤精”。最后他因为杀死多名女性，并把她们的尸体扔在路边被捕。审判时发现，他的亲生父亲杀了两名警察，也是把他们的尸体扔在路边。当然这里不是说有种基因就是“要把尸体扔在路边”，而是说E可能继承了某些基因（比如说跟凶悍相关的基因），而这种基因一旦遭到羞辱，就会导致奋力地爆发。

又比如杀害了十几位女性的连环杀手F。他5岁的时候喜欢穿母亲的鞋子，不过他母亲是个修女一般的严厉女人，她会一把把鞋子夺过来，羞辱他说他是“中了邪”。可是母亲的做法不仅没有阻止F，反而使得这种癖好成了他童年的一种刺激。十几岁时，他开始收藏女人的鞋子，还有内衣，并且只要摸着这些东西他就觉得舒服，有性欲上的满足感。17岁时，他终于越过了底线，变得暴力，并持刀逼迫一名同龄女子脱光衣服。到快30岁的时候，他已经发展成了色情连环杀手，对受害者的尸体实施性侵犯——不仅跟尸体性交，还常常切掉一只乳房，拿它来做镇纸。

F对他的母亲有一种仇恨，进而引起对所有女性的复仇欲望。他是个变态，冷酷无情，还死不悔改。但是这一切其实也不能完全归罪到他母亲头上，很多小男孩儿都尝试过穿母亲的鞋子，而且也被骂得“披头散发，灰头土脸”，但他们也没有做出F这样恶劣的事。F可能来到这个世界时就带有了一些不利的基因，而母亲的羞辱“激活”了它。

勾引

不是所有的连环杀手都被母亲诱奸或者被父亲鸡奸，但总有极少数人是不幸的。这些人在童年便被父母侵犯过，这种性生活的过早介入会导致这样的后果：由于过度的刺激，受害儿童往往会变得好色且性欲亢进。所以一个可能本来就有基因危险的男孩，再被暴露在这样“情欲高涨”的环境中，最终就有可能走上色情犯罪的不归路。

这里我们举一个连环杀手G的例子：

G是一个40多岁的罪犯，他在两年间勒死了四名男子，都是在发生性关系的场合下杀的。虽然他也结过婚离过婚，但总体上是个同性恋。他的杀人模式就是在同性恋酒吧先勾搭上一个伴儿，说要带他回家，然后等那人喝得烂醉，就带到一个隐蔽的地方，先是发生性关系，随即将这人勒死，脑海里把他想象成自己母亲的样子。

G小的时候家里有五个兄弟，但他却不幸成了母亲的“最爱”。她的母亲是名保安，块头儿很大，在家里是个令人生畏的角色。同时她是个要求极严苛的人，对自己的孩子也使用手中的警棍。G小的时候不知被他的母亲痛殴了多少回，且回回都被打得头破血流。这样的惩罚也会出现在其他兄弟身上，可是因为母亲特别“喜欢”G，所以还会对他做一件对别的兄弟都不做的事：勾引——在他14岁时迫使他与她性交。从那时起，事情就在两个极端之间摆动：第一天挨揍，第二天性交，第三天挨揍，第四天又性交……直到他19岁时离开家。于是他对母亲产生了痛恨，他说其中30%是因为她揍他，70%是因为她勾引他。他常常在酩酊大醉时一遍又一遍地想象着杀死母亲，可清醒时又做不到，于是只能借助于杀死别人来平息心中的怒火。

“你为什么没有犯罪？”

“因为你的父母表现得还算正常！”

到这里，关于犯罪原因的探讨就全部结束了。总结一下：你为什么没有犯罪？

因为：

——没长成犯罪人的样子，不是犯罪人的身材。

——没有犯罪人那么麻木。

——没有返祖。

——大脑里“刹车”的力量要大于“油门”的力量，“唤醒水平”也正常。

——导致犯罪的“强化物”被及时打压住了。

——没有被“去个体化”。

——心理发展的每个阶段都还说得过去。

——没疯。

——父母表现得还算正常。

看来至少你得同时具备上面这些条，才能不犯罪，可是有人私底下会弱弱地说："其实，里面有几条我是有问题的……"

但是你仍然没有犯罪，为什么？

电影《白日焰火》里有一句话："一个人需要隐藏多少秘密，才能巧妙地度过一生。"你经历过什么，内心隐藏了什么，只有自己最清楚。我们每个人的人生都不是完美的，至少不是表现给别人的那么完美。可大部分人即使经历了阴暗、痛苦甚至不可告人的事情，还是没有做出触犯法律的事。

至此，大家终于能体会到犯罪原因的复杂了吧？你不仅要考虑"肉体"的因素，还要考虑"灵魂"的因素、家庭的因素、环境的因素。但是，即使所有因素都集全了，也不一定必然会犯罪，因为这些因素本身也有不完善的地方；而所有因素都避免了，也不一定能阻止犯罪！

这里面像是存在一种神秘的组合，不确定是哪几种因素凑到一起，又到了什么程度，犯罪就会发生。而且，对每个人来说都不一样！就好像一条命运的抛物线，不知道沿途会遇上什么，会不会因此改变轨迹……

第六篇

恶魔的作品

犯罪心理画像

Hardcore Psychology

重口味心理学 3

何谓“犯罪标记”？

人是形形色色的，凶手也是，他们有不同的经历、爱好和需要，所以，在相似的环境中，同样类型的案子，不同的凶手做出的行为就不一样，留下的痕迹也不一样。“犯罪标记”就是每个凶手特有的行为和痕迹，就像一个人的签名，是独一无二且稳定不变的。

所有的“犯罪标记”都代表着凶手作案时要满足的情感和心理上的需要，从而能够反映出凶手潜在的人格、生活经历等。比如说在电影《沉默的羔羊》中，凶手在每个被害人的喉咙中都放了一只黑蛾蛹。而这个凶手是个异装癖者，性别角色混乱，他想让自己由一个男人变成女人，但是苦于无法如愿，所以剥下女人的皮缝在一起，给自己做了一件人皮外套。黑蛾蛹就代表了他内心渴望蜕变和“破茧成蝶”的冲动！

我在以前的作品中提到过“沙盘游戏”和“树木人格分析”，这两个都是精神分析学派的治疗方法，它们遵循的是同一个治疗原理：投射！

什么是“投射”？说白了，就是我们每个人在正常的清醒状态下都是口是心非的，不会轻易吐露潜意识里的真实想法。倒不是说我们多么善于隐瞒，而是我们想不隐瞒都做不到！因为这些想法被深植在潜意识中，不允许“越狱”到意识的领域——连我们自己都察觉不到的东西，更别提对别人说了。那么怎么把这些潜意识的想法表露出来，就变得至关重要！因为所有的心理问题都是潜意识出现了问题，跟意识没有关系，如果连病因都不知道，就无法治病！

而“投射”，就是用一种特殊的手段让潜意识里的东西“浮出水面”，为人所知。这个手段在不清醒的状态下就是做梦和催眠，而在清醒状态下就是上面提到的两个疗法：“摆玩具”和“画树”。

人们在摆放玩具和作画的过程中，潜意识不再设防，将原本深藏的内容不经意间流露到作品之中，作品体现的内容就是潜意识想说的。人们再通过“技术手段”将作品“翻译”成我们可以理解的东西，一切都真相大白了！

当这种投射原理被运用到犯罪领域，就会产生一种新的心理分析技术：犯罪心理画像！

全世界公认的犯罪现场调查的原则是：每一次接触都会留下痕迹！即著名的洛卡尔原则：每一名凶手总会把某样东西带到犯罪现场，也会把某样东西带离犯罪现场！而世上没有两个犯罪现场是完全相同的，每一个现场都是凶手独创的一幅“画”！其中留下的蛛丝马迹、作案手法无不是凶手内心世界的真实呈现。分析清楚了现场这幅“画”，也就弄明白了凶手的内心世界，从而可以划定嫌疑范围，锁定真凶！

说到这个犯罪心理画像，运用得比较成功的要属《沉默的羔羊》里面的汉尼拔了：

女主角见习特工克拉丽丝接受了一项艰巨的任务，缉捕一名外号叫“野牛比尔”的变态杀人犯。但这个变态杀人犯的作案手法太独特，让警察丝毫没有头绪，不知该从何下手。为了了解凶手的特殊心理，他们找到了这个世界上最懂变态杀手的人——另一个变态杀手，精神病专家汉尼拔博士。

在后来的接触中，汉尼拔不断给女主角提供线索，最终帮助她破案。

有人可能会说：“这只是电影，太没说服力了，现实生活中的犯罪心理画像是不是这样的啊？”那么下面我就让大家见识一下真实的犯罪心理画像是什么样的！不过这次还得从一个电影开始……

这部电影就是《人骨拼图》！

男主角林肯·莱梅（以下简称L）是国内首屈一指的犯罪心理学者，很多警校的教材都出自他手。一次，当地发生一起离奇的命案，L的同事想邀请他来解决这起可怕的案件，L则觉得这种小案件不值得他浪费时间：“哥这身价，是破这种蝇头小案的人吗？”但当他仔细研究了相关的尸体和犯罪现场的照片以后，却突然间对这件案子产生了兴趣：“有点儿意思哈！”因为从这些现场资料来看，这件案子不像表面看上去的那么简单，里面似乎隐藏了诸多秘密和微妙的线索。

那么现在重点就来了！大家注意看，是什么让L对这个案子提起兴趣的？

在碎石子地面上，伸出了一只人手，食指中间戴着一颗女式戒指，戒指到指尖的肌肉全然不见，只剩下骨头。

在不远处，是两条铁轨，枕木上放着一个螺丝，一堆白色粉末，还有一小片纸。

现场的大体情况就是这样。

电影中是这样，现实中也是如此，如果你想对案件进行犯罪心理画像，前提是必须了解和犯罪现场有关的所有信息！这里面可就大有乾坤了！首先，这不是一门学科可以解决得了的，它涵盖了心理学、法医学、刑侦学、司法学，甚至地理学；其次，也不可能靠一个人就可以完成，至少需要一个由不同专家组成的团队，想一下美剧《CSI》……

但是，这并不妨碍今天在这里我们对犯罪心理画像的探究，因为接下来，我要带大家进入一个假设的理想状态，一个人独当一面，化身“全能神探”，开始我们的犯罪心理画像之旅！

在对一个案件进行心理画像之前，我们需要将它的现场拆分成不同的部分，单独进行分析，然后再把这些“碎片”拼接起来，做一个完整的犯罪心理画像！

现在，我们就从这幅“画”中最显眼的部分——尸体开始吧。

Part 1 >>>

杀人容易，灭尸难

一个杀人犯罪现场，最关键的部分就是尸体！一件凶案最核心的组成也是尸体！不管它是一整具，还是碎尸块，甚至不幸被搞成了渣渣，它都是破案的核心！再者说，没有尸体怎么能叫凶案呢？所以，作为“神探”的我们要破获一件凶案，首先就要看受害者的尸体是什么样子的！

When——什么时候死的？

虽然搞清楚受害者的死亡时间这件事并不完全属于心理学范畴，但对犯罪心理画像来说非常重要，因为它能提供重要线索，帮助缩小嫌疑人的范围和确定嫌疑人的特征。那么怎样才能确定死亡时间呢？这里我借用中医的手法，就是：望，闻，问，切！

1. “望”

一具尸体有什么好瞧的？或者什么能让你看出名堂来？当然就是它的腐烂程度了！但是尸体的腐烂程度很受环境和其他因素的影响，比如，近来天气如何？尸体埋在地里吗？

为了弄明白这些可变因素对尸体腐烂时间的影响，我们必须非常清楚一个不变的参照物：基本而纯粹的人体腐烂！即在理想状态下，不受任何因素干扰的腐烂。

问：要想让一个人“魂归大地”（化成腐水），拢共分几步？

答：四步！

第一步：尸斑！

这时人刚刚咽气。当心跳停止时，血液循环也停止了，受重力作用，血液通过血管向身体的各个最低部位沉淀而去，就形成了尸斑！在尸体仰卧的状况下，它们出现在尸体的后颈部、腰背部和大腿底部；而吊死的尸体，尸斑则出现在四肢的末端，也就是手脚。在血液中，红血球先沉淀，并在死后1—3小时变成一块块蓝红色的斑块。而6—8小时后，这些斑块合并在一起，变成了紫红色。所以通过尸斑的变化，我们可以判断受害者死了几个小时，但是再久一点儿就无能为力了。

第二步：自溶！

相对而言，这会儿的尸体还是很“新鲜”的，至少对医学院上解剖课的学生来说是这样的。“新鲜”阶段的腐烂标志，是一个名为“自溶”的过程，说白了就是自己“消化”自己。因为我们人体靠酶消化食物，是酶把食物中的化合物分解为细胞能吸收的小分子物。在人活着的时候，细胞控制着酶，防止酶连细胞壁本身也分解了，否则不就“大水冲了龙王庙——自己人打自己人”嘛。人死后，酶这熊孩子可就没人管了，它开始肆意横行，连细胞的外壳都吃掉了，细胞液就流了出来。而流出来的细胞液积在各皮肤层之间，便把各皮层剥离了。随着时间的推移，我们会看到皮肤的脱落，有时候是整只手的皮肤掉了下来。这种情况就是江湖上传闻已久的“人皮手套”！这个过程发展下去，大面积的皮肤会从尸体上剥离，变成“人皮外套”。

自溶在死后24小时内就会发生，但是要想自溶到让手的皮肤脱落成手套的样子，在夏天需要7天左右，春秋需要14天左右，冬天需要30天左右。

第三步：膨胀！

从被酶破坏的细胞里流出来的细胞液，会一路流遍全身，很快它们就会和身体里的菌群会合一处。人活着的时候，身体里就有各种菌群的存在，在肠道里，在肺里，在皮肤上。人死后，“细菌与细胞液一相逢，便胜却人间无数”，美食从天而降，细菌们大吃特吃，数量暴增。我们活着的时候，胃里的酶把肉分解成蛋白质，内脏里的细菌再把蛋白质分解为氨基酸，我们死了，它们就不再靠我们吃的东西活命，因为它们开始吃我们！

正如它们在我们活着的时候做的那样，它们在这个过程中产生气体。比如屁，其实就是细菌在新陈代谢过程中产生的废气。不同的是，人活着的时候可以排气，人死了，就没有能够运作的胃部肌肉和括约肌，无法排气。因此，气体积存起来，身体就鼓起来了，这就是尸体腐烂的第三个阶段：膨胀。

这种膨胀在肚子那儿是最明显的，因为肚子里的细菌最多，它们排泄的废气也更多。其次是生殖器，尤其是男性阴囊，会被“吹”得很大，可以有小西瓜那么大！然后是嘴，细菌产生的气体把嘴唇和舌头也鼓起来了，舌头胀得伸出了嘴外，看上去是在做鬼脸，有种“呆萌的讥讽感”。尸体膨胀的过程，就是我们说的“巨人观”。

巨人观的出现，在夏季需要4—5天，春秋需要7—10天，冬季需要

45—60天。

第四步：腐化！

尸体在继续膨胀着，直到有些东西撑不住了，通常是肠子，有时也会是躯干，它们在极限扩张中“嘭！”一声爆炸了！当然也没这么夸张，听过的人描述，那是一种断裂、撕扯的声音。这种声音出现，也意味尸体的腐烂开始进入最后的阶段：腐化。

这个阶段是“尘归尘，土归土”的时刻，细菌把组织分解掉，逐渐使其液化，真算是“零落成泥碾作尘”。消化器官和肺最先分解，因为它们是为数众多的细菌的老家。大脑是另外一个走得早的器官，是因为嘴里的细菌一路吃过去，吃完上颚就到它那儿了，而且大脑软乎乎的，很容易吃。当大脑液化时，脑浆就从耳朵里洒出来，带着气泡从嘴里涌出来。当整个人腐化成水的时候，看上去就像是一锅鸡汤洒在地上……

要达到这种软组织完全液化消失仅存尸骨的程度，在盛夏仅需30天左右。

2.“闻”

中医中的“闻”是听的意思，但是尸体有什么好听的呢？它能发出的声音有限，而且转瞬即逝，不利于取证，所以这里的“闻”我用的还是它字面的本意——嗅。

有经验的法医能够根据尸体散发的味道，判断出受害者的死亡时间，因为尸体在每个腐败阶段发出的味道都不一样。腐烂的尸体究竟是什么味呢？总体来说，那是一种难以形容的、强烈的、发腻的、还有点儿香味的味道，但肯定不是花的那种香，是介于烂水果和烂肉之间的一种发酵的味道。有人说是类似臭鱼或者臭鸡蛋的味道，那只能算是尸臭这种复杂味道中的某一种成分。

现在通过闻尸味判断死亡时间的任务已经交给了电子鼻或者警犬，人类本身已经从中解脱了出来，要知道这味闻多了是有多“上头”啊！而且尸体留下的味道非常“顽固不化”，直到尸体被拖走14个月之后，仍能检测到当时残留的分子。

一位法医在接受采访时曾说过：“每次验完尸，都是一身臭味，这味是怎么洗也洗不掉的。通常我们是怎么做的呢？就是全身打一遍去臭皂，然后哥儿几个赤身裸体地坐在一起喝个茶聊个天。每半个小时打一遍，三个小时后洗掉，味道就差不多了。”

3. “问”

问？问谁呢，尸体又不会开口说话。但是，尸体上的“小朋友”会告诉我们很多很多事，这些“小朋友”就是吃尸体的虫子！

在露天，一具尸体可以面临多达8波虫子的造访，最积极的就是绿头大苍蝇，人死后几个小时内，它们就作为第一波“客人”来临。“这里有情况，伙计们快来呀！”然后它们就在尸体的开口处，比如眼睛、嘴、伤口、生殖器等地方产卵。

8—14小时后，根据气温的高低，卵孵化了，第一批蛆就出现了。再过8—14小时，蛆开始脱皮。再过2—3天，蛆就变成奶白色，俗称“大白米粒”。

比如下图中这种：

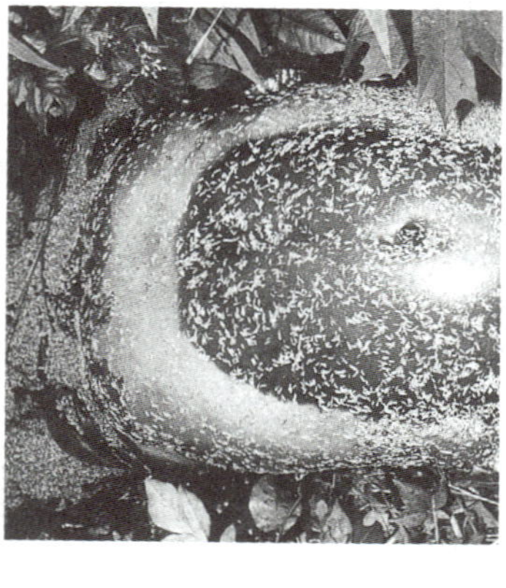

“大白米粒”牙口不太好，咬不动人的皮肤，但是软软的皮下脂肪是它们的最爱。不夸张地说，如果这时你跟一具尸体靠得够近，你可以清晰地看到它们在尸体皮肤下蠕动，更重要的，你还可以听到它们咀嚼的声音：“吃呀，吃呀！”

猛吃6天后，酒足饭饱的它们从尸体上爬到地上，在那里化蛹，再过12天就变成一只只苍蝇。

所以，“大白米粒”在一具尸体上存在的时间最多不会超过11天（14小时+14小时+3天+6天），这就为确定受害者的死亡时间提供了线索，比如下面这个例子：

1964年6月28日，两个男孩儿在一片树林中搜寻动物尸体，希望找到可用作鱼饵的蛆。在一块草皮上，他们发现了一大群胖胖的“大白米粒”，但拉开草皮时，他们惊恐地发现一条正在腐烂的人臂。从腐烂程度看，警方判断尸体已经在那里放了1—2个月。

但是法医专家不同意这个说法，他从“大白米粒”的发展阶段判断：“这个人死了9天或10天，不会超过12天，因此死亡应该发生在6月16日或17日。”后来警方在失踪人口中找到一个于6月16日失踪的人，根据指纹和文身等的比对，确定了死者就是他，进而顺藤摸瓜找到了凶手。

除了绿头大苍蝇，其他的访客还包括甲虫、蛾子、黄蜂等。

比如下面这个例子：

在一栋房子的烟囱里，一具婴儿的尸体被发现了，它已经呈木乃伊状，并成了房蛾的繁殖场。检验幼虫和成虫蛾后发现，尸体在那里已经有两年时间了。这使得疑点离开该房子当时的住户，落到了曾住在那里的一名妇女身上。她被找到了，并因杀婴罪被起诉。

4. “切”

“切”在中医里是诊断的意思，那我们能对一具尸体做什么诊断呢？当然就是尸体的温度和硬度了。

人一死去，体内的热量就开始发散。在温度适中的地区，一具身材适中，穿着衣物的尸体，在6—8小时内将以每小时1.8℃的速度降温。赤裸的尸体冷却得更快，肥胖的尸体冷却得慢。体温的下降速度与环境温度也有关系：在炎热的气候下，尸体根本不会冷却，没准儿会变得更热！如果是冻死的，那么尸体则会从较低的体温开始下降。

死亡时间的另一个确定方法是肌肉的僵硬程度。通常情况下，一个人死了，脸部肌肉会在1~4小时内开始发硬，四肢则在4—6小时内开始发硬。12个小时后，尸体就全部僵硬了，然后逐渐又变得松弛起来，因为组织腐败开始了。

同样的，这些变化也取决于各种不同条件。在极少数时候，比如极度激动或暴力情况下，尸身的僵硬也许会在死后立刻开始。比如在一次围攻战中，据说一名被炮弹炸死的战士仍能稳稳地骑在马背上；在另一场保卫战中，一名被砍去头颅的士兵的尸体仍保持着僵直的坐姿，他的手还紧紧抓着一只杯子。这些人简直就是现实中的“断头骑士”！

关于死亡时间我们就说到这儿。仅知道“被害人是什么时候死的”还远远不够，我们还需要确定他们因何而死——

Why——心理尸检！

法医通常可以明确死亡原因（导致死亡的病理过程），但是死亡方式可能就不那么清楚了。死亡方式通常有四种：自然死亡，意外事故，自杀和他杀。还有第五种死亡方式，那就是无法确定的。

下面拿一个跳伞坠落身亡的例子来说明。

首先死亡原因很清楚，是由于撞击伤死亡，然而死亡方式就不那么明显了。死者是不小心从飞机上坠落（意外事故），还是有意不使用降落伞跳下（自杀），还是被别人从飞机上推下（他杀），还是在下落过程中心脏病发作而使他不能拉动绳索（自然死亡）呢？这些都不明确。因此确定死者到底属于哪一种死亡方式，就是犯罪心理专家要做的事了，俗称“心理尸检”！

如果是意外事故、自然死亡和自杀，那基本没什么事，大家都该干吗干吗去。如果是他杀，那就完全是两回事了！所以搞清楚是自杀还是他杀，对一件命案来说至关重要。而在现实生活中，区分自杀与他杀往往并不是件容易的事。因为凶手也希望“没什么事，大家都一边凉快去”，所以他会竭尽所能将现场伪造成自杀或者意外死亡。

比如下面这个案子：

2000年，在美国西部发生了一起一名4岁女童死亡的事件。小女孩的母亲说当时床上有一把猎枪，小女孩儿正在玩弄一个吸尘器，吸尘器上装有一个头部细长的吸筒，小女孩儿将这个吸筒插进了猎枪的扳机，不小心走火打死了自己。

这是一起简单的事故，对不对？

调查人员相信了她的话，将这一案件定性为意外死亡事故。直到几个月后，另一位侦探查看了现场照片，对那位母亲的说法产生了巨大的怀疑。

于是他来到案发现场。由于现场还保留着，他发现了两件可以证实那位母亲在撒谎的证据：

1. 移动家具的时候，他发现墙壁上有一个以前没有发现的弹孔。根据这个弹孔的角度和高度，他推断出这颗子弹不是从放在床上的枪中射出的，因为射击点太高，而且子弹是从上向下进入墙壁的，它是穿过小女孩儿的身体后打进墙壁的下部。

2. 如果你有点枪支知识，就会知道，猎枪若是在床上被发射的话，枪口射出的火药就会在床的表面留下一大片烧焦的痕迹，床单会被撕成碎片，而且猎枪也会因为后坐力向后跳动，掉到床下去。但就现场照片来看，这把枪静静地待在原处未动。

随后，这位侦探带那位母亲去测谎。几个小时后，她承认是她杀死了小女孩儿。她这么做是为了与情夫私奔，却不想有个“拖油瓶”拖累。

但是，有的时候死者明明是自杀，却无意间将现场搞成了他杀，如果办案人员没有“火眼金睛”，就会走入一个永远不可能走出的谜圈。比如下面我们要说的这个诡异的案件：

一名男子被发现死在了公寓的浴室中，公寓的门是从里面锁上的。他躺在浴室地砖上的一片血泊中，喉咙上被割了很多次，有一串血脚印从浴室延伸到公寓门口。

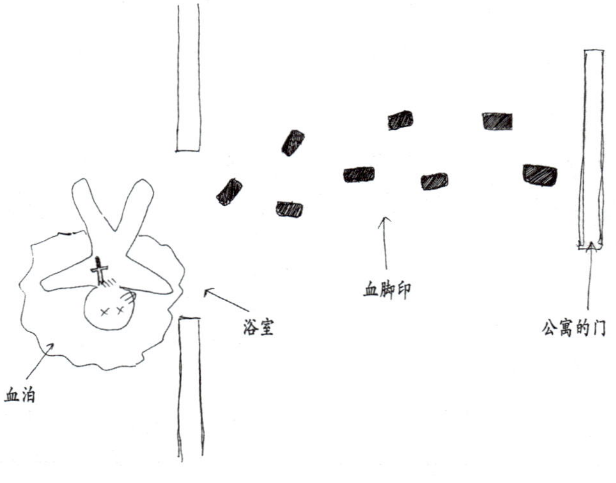

进一步勘察，办案人员发现了以下细节：现场确实有大量的血迹，这名男子的脖子上有很多切口，一把刀还插在他的脖子上，是一把普通的厨房料理用刀。屋里的地毯很厚，踩在上面不会留下清晰的脚印，只会留下脚的大致轮廓。这串脚印从尸体的身边向外，一直延伸到公寓的门口。

看到这里，你会做出什么判断？

现场有一个疑点：门是从里面锁上的，说明没有人从里面出去；但是地面上却只有一串血脚印，说明有人从浴室走到了门口。那么，这个人走到门口又去了哪里呢？

让我们再把视角缩小，把视线转移到地毯的脚印上。

图一

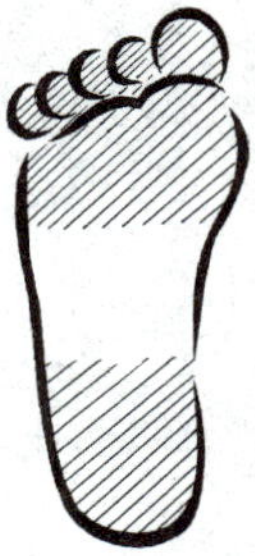
图二

我们都知道，人正常走路时通常是脚跟先着地，所以正常情况下，地毯上的脚印，脚跟部分要比脚趾部分深一些。也许平时看不出来，但是有血液沉积的地方就比较明显了（图一）。

而该男子在地毯上的脚印却是这个样子的（图二）。大家看出来了吗？这名男子在浴室多次试图割断自己的喉咙，都没有成功。但血已经涌了出来，他踩着血走出了浴室，走到了房门口，在那里犹豫。然后可能一下子下定了决心，又踩着自己原先的脚印返回浴室，完成自杀。所以才会形成图二这种脚印——在脚趾和脚跟处都有明显的血液沉积。

随后的调查也证明了这个判断。在死者的衣柜中，衬衣都整齐地挂在里面，所有东西都归置得井井有条，说明死者非常在意让家里的所有东西都保持干净整洁。他踩着原来的脚印返回浴室，并不是为了迷惑办案人员，而是不想在地毯上留下更多的血迹，因为这样会给他带来无穷无尽的烦恼！

上面提到的“这名男子在浴室里多次试图割断自己的喉咙”，这其实就是自杀和他杀的一个典型区别：在真正的自杀案中，在致命伤之前，死者总会有几下尝试性的自残。比如下图这样：

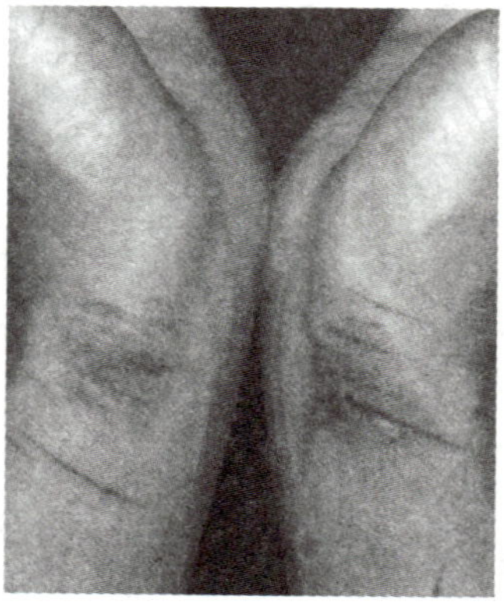

而他杀就干脆利落多了，因此，唯一一道深深的伤口，是看似自杀实为凶杀的强有力的表现！

我们知道了被害人是什么时候死的，也知道了他因何而死，下一步我们总得知道死的是谁吧？

Who——死者是谁？

如果让尸体消失不见，“活不见人，死不见尸”，那破案简直就无从谈起，这对凶手来说该是多么理想的情况啊！所以杀人之后，只要不是时间太仓促，凶手都会最大程度地毁灭尸体，手段可谓五花八门，无所不用其极。其中最骇人听闻的恐怕要数江湖上传闻已久的“溶尸大法”了！

在金庸小说《鹿鼎记》中，有提到韦小宝的三件利器——匕首、宝衣、蒙汗药，外加化尸粉，可谓是韦小宝笑傲江湖、杀人灭口的必备之物。在这四件宝贝中，最诡异的要数他从海大富那里得来的化尸粉了。据说这种毒粉如果沾在了完好的肌肤上，是没有丝毫感觉的，但只要碰到一滴血液，血液便化成腐蚀性极强的黄水，短时间让一个人化为一滩黄水。当然，这种毒药只是虚构罢了。

可是现代社会中我们也有自己的“化尸粉”——王水！它是浓盐酸、浓硝酸组合而成。有人做过试验，拿它溶解鸡翅和排骨，效果怎么样呢？

虽然它和传说中的“化尸粉”的效果最接近，能将鸡翅和排骨的肉溶化、骨头软化，不过整个过程会冒出大量的泡沫、酸雾、浓烟，还可能引起中毒，甚至有爆炸的危险。搞不好尸体还未溶掉，凶手就先成了尸体。更重要的是，反应过后地上会留下一大摊酸性的绿色黏稠物，这对想做到“尸体去无踪”的凶手们来说，是空欢喜了一场。

而且试验者计算成本发现：要处理一具尸体，最少需要一浴缸的王水，也就是说需要250升左右。而且，即使你有了这么多王水，也不能在浴缸里溶尸，因为浴缸的材质也会与酸发生反应，结果就会像美剧《绝命毒师》里的剧情，浴缸被溶掉了底，尸体从二楼掉到了一楼……

既然溶不干净，那就烧吧！然而实际情况是，烧你也烧不干净！就拿当今的火葬来说，都是在大型的工业熔炉中进行，使用丙烷或天然气做燃料，燃烧温度高达1200℃~1500℃。尽管这样，对一具60千克的尸体来说，也需要持续燃烧1—2小时才可以将尸体的组织烧尽，熔化部分骨头，却依然无法把一些大骨头烧碎。

因此，理论上，哪怕尸体面目全非，或者被碎尸万段，只要残留下一丁点儿痕迹，就总能找到死者的身份，比如下面的例子：

下面是一名受害者的尸体残骸被复原的过程，最终凭着复原照片，成功抓获了凶手。

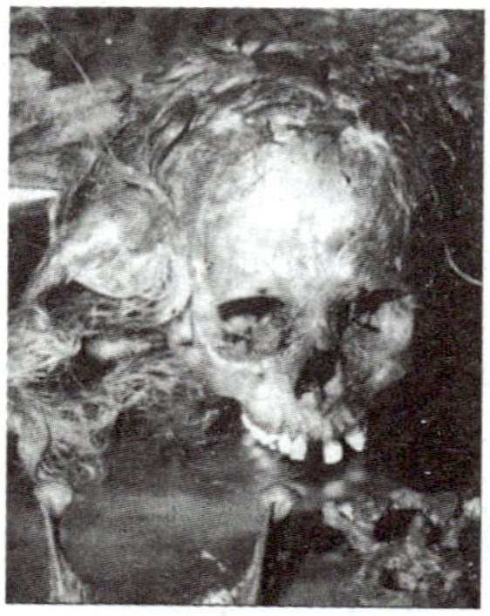

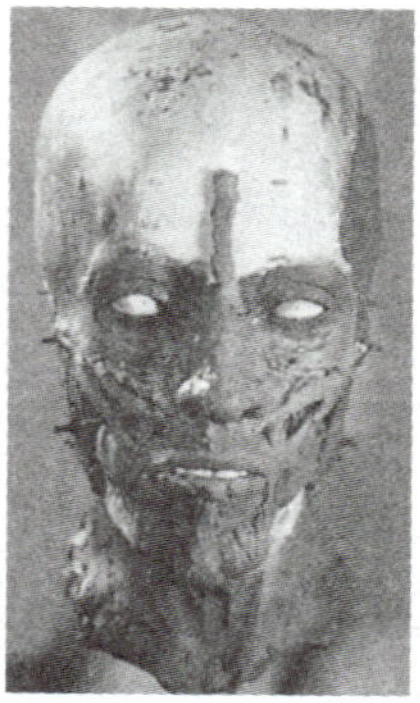

还有著名的“碎木机杀人案”。

顾名思义，就是用碎木机把人给杀了。谁干的呢？死者的丈夫！

因为这次尸体是名副其实地被碎成了渣渣，不能确定死者身份，所以侦办起来很困难。当时，神探李昌钰接手了这个案子，他先是扣押了凶器碎木机，然后仔细搜查碎木机。

由于凶手早有防备，李昌钰在碎木机上并没有发现可见的血迹、人体

组织和微量物质痕迹，只是在使用碎木机的河岸附近发现了一些毛发和组织碎片。其中最大的就是下图中的手指的顶端部分：

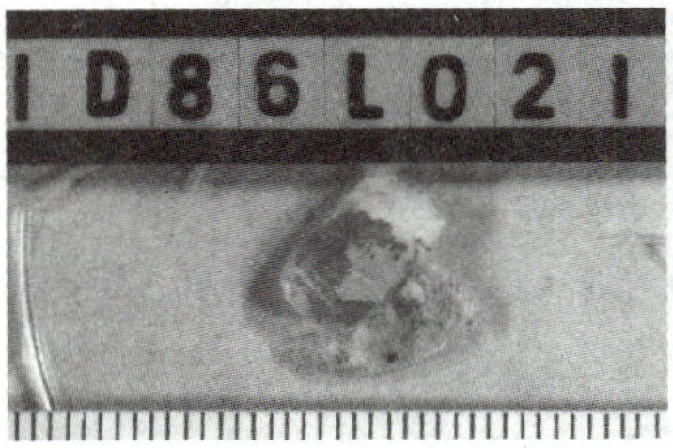

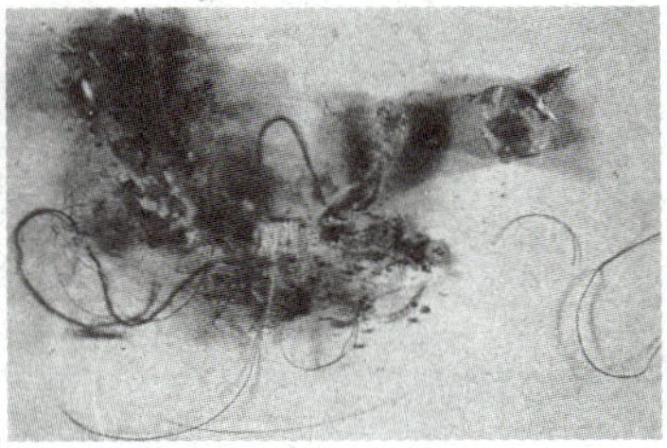

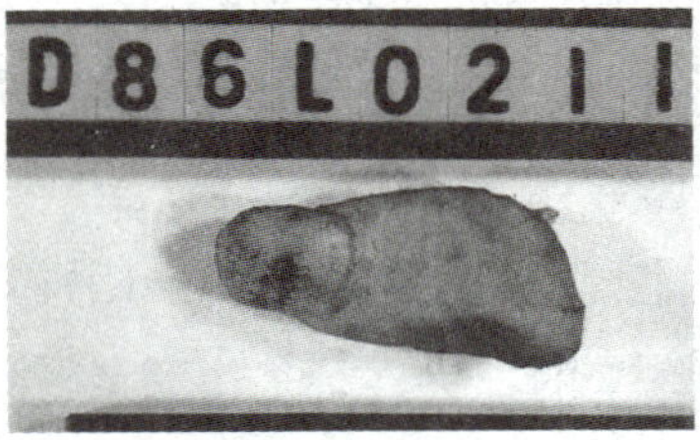

这可怎么办呢？李昌钰就跟他的同事用一头猪做实验。他们将这头被屠宰过的猪放入该碎木机中，吭哧吭哧地就把猪给碎了，然后获得了碎片样本。

再跟收集到的人体组织碎片做痕迹比对，发现是出自同一台碎木机！接着他们又拿被害人家里的指甲油跟上图手指上的指甲油比对，发现是同一种！

这下案件就真相大白，“死有对证”了！

以上是对死者“物理身份”的认定，但是对犯罪心理画像而言只有这个是不够的，我们还需要另一样东西——“心理身份”的认定！

什么是“心理身份”呢？就是我们除了知道死者姓甚名谁，是男是女，多大岁数，还要了解他（她）的职业、生活习惯、家庭背景、教育背景、喜好、日常活动规律等等。

只有这样，我们才能建立起被害人和犯罪嫌疑人之间的某种关系链：这种关系也许是地理位置上的，也许是工作关系，也许是同学关系，也许是有共同爱好。这样我们可以锁定嫌疑人的范围。

但是跟“物理身份”认证不同的是，“心理身份”的认定中掺杂了太多干扰因素！

首先，我们每个人都是一个复杂的个体，都有自己的爱好、欲望、幻想、需要及道德观，不是一个规范的、流程化的、客观地看待事物的机器。

其次，一个命案往往会引发调查者的情绪波动。比如说受害者是一个三岁的小男孩，死状很惨，如果调查人员也有一个一样大的儿子，可想而知他看到现场后内心的感受。这种内心的冲击会不会影响他的判断？很难说。

以上这些干扰，就造成了我们会不自觉地美化或者丑化受害者，并对他们进行道德审判。

来看这个案子：

两个9岁的女孩儿在公共汽车站被绑架，第二天，有人发现她们的尸体被遗弃在90多米外的一个下水道里。大家都觉得两个女孩儿就这样死了，太令人惋惜了，媒体甚至把她俩描绘成“陨落的小天使”。侦查人员受到当时整个舆论和氛围的渲染，就忽略了对被害人背景的调查，而是把注意力放在了可能的连环谋杀案上。也许在他们的潜意识里，“天使”的家人也应该是“天使”。可是案件就一直没有进展，渐渐冻结了。

直到一年后，人们粗略地完成了被害人背景的调查时，才发现其中一个女孩儿有纵火的习惯，经常和其他孩子打架，而另一个女孩儿曾经被诊断有多动症和吸毒史。为什么会出现这种情况？侦查人员就从她们周围的人身上找原因，发现有一个亲戚曾经猥亵其中一个被害人一段时间，突然间，侦查有了一个全新的方向！

这就是在心理上美化受害者后出现的问题，那么丑化是怎样一种情况呢？丑化就是把被害人看作卑微的，或者命中注定应该被遗弃的。

比如下面这个案子：

有个妓女在城市的某个角落被强奸了，三天后，另一名妓女在这个角落不远的地方也被强奸了。两个星期以后，在同一个区域，又有一名妓女被强奸了。她们都报了案，但是警方没有收集到证据，也没有进行并案，尽管案件之间有明显的联系。看样子，只有在更容易引起同情的被害人被强奸或杀害之后，这些案件才会被重视。

有的人甚至发表看法说：“活该！妓女被强奸，区别只是对方给没给钱而已，怎么还有脸报案呢？”

这就是一个道德上的判断，是犯罪心理画像中经常会犯的错误，因为有一点是非常重要的：无论被害人什么样，他（她）对嗜血成性的凶手的行为都是没有任何责任的！你不能因为受害者是妓女，就觉得她们理应被强奸。

还有人说：“既然做了这一行，就肯定知道做这一行的风险，自己认了吧！”

诚然，一个妓女工作在一个大城市里，鱼龙混杂，生活中她随时都可能受到伤害。这种“被害风险”肯定要比一个大学生住在大学城里，在一个很安全的环境下的“被害风险”高得多。但是，对学生而言，也有容易受到伤害的时候，比如返校的路上，或者从车里出来进入楼里的路上。虽然时间持续得很短，但可能性也是有的。那么妓女50%的闪失和学生1%的闪失，结果又有什么区别呢？都是100%的恶果！因此，无论一个人的“被害风险”有多大，都不是其被害的理由。

事实上，被害人也是人，是人就不会是纯粹的好人，也不会是纯粹的坏人。他们不是我们在道德、犯罪小说或者电影中虚构的人物，而是如同我们自己的孩子、父母、兄弟姐妹、伴侣或朋友，是非常“接地气”的真实存在。只不过因为他们选择的生活方式或者某种状态，才使得人们认为他们根本不值得关心，或很少值得去关心。如果人们美化或者丑化他们，为他们打上道德的烙印，就不能知道他们最真实的样子，更不可能进行完整的犯罪心理画像！

作为一名犯罪心理画像专家，如果可以很好地控制上面提到的个人情感和想法，才容易取得成功，否则就会失败！原因很简单，在“画像”的时候，如果这个专家融入了太多个人情感和想法，那么“画”中反映出的是他自己的心理现象和性格，而不是凶手的！结果到头来分不清现场是由凶手造成的，还是专家自己造成的。

说到这里，什么样的人更容易成为被害人呢？

第一要看是否容易得手。

比如说，“夜深人静，一个女人走在路边”和“夜深人静，一个女人走在路边，身后有50名壮汉相伴”相比，那肯定是前一种情况更容易得手。这就与一个人的“被害风险”有关了。

第二跟地点有关。

被害人的活动范围肯定是与凶手的活动范围有交集的！而且这个交点一定是在一个让凶手感到很“舒服”的地方。这就涉及凶手会选择什么地方下手的问题。这是个有说道的大问题，这里先不表，下面会说到。

第三是关系。

有些凶手是利用自己与被害人的特殊关系来降低对方的警惕性，实施犯罪的。这种特殊关系包括：配偶、父母、家庭成员、同事、朋友、室友、医生、老师等等。这就是所谓的“杀熟”哇！

第四就是幻想的标准。

有一些案件，受害者跟凶手的关系可谓是“八竿子打不着”，我们就会纳闷，凶手为什么选择他？好奇怪！

实际情况是，这个被害人身上一定具备了某种凶手认为能满足他特定幻想的特征。比如说，对连环杀手而言，他们都是在某种人身特征或个性特征的基础上选择被害人：男人或者女人，肤色黑或者肤色白，年轻或者年老，高个或者矮个，大乳房或者小乳房，害羞或者主动……

拿“山东招远血案”来说，受害者拒绝向凶手提供自己的电话号码，这个再正常不过的举动，却恰巧符合了凶手心目中要捕杀的对象的特征。作为邪教徒的凶手认为她这么做就是“恶魔、邪灵”的化身，于是将她当场活活打死！

Part 2 >>>

犯罪现场调查

Where——在哪下手?

如果我们准备开一间小店，第一件事，就是为铺面选择一个合适的地址。小本生意尚且如此，就更别提凶手对作案地点的选择了，要知道他可是准备干一票大的！除了激情犯罪，其他凶杀案的地点选择，尤其对连环杀人案而言，无一不是经过凶手们深思熟虑、反复衡量的。

那么凶手会选择什么样的地点?

首先我们得从犯罪的路线说起。

这里我们需要知道一件事，人类有一种本能，就是无论做什么事，都会遵循一种原则——“最小努力原则”！顾名思义，“最小努力原则”是说，同样一件事情，可能有不同的方法完成它，我们当然会倾向于最省事省心、最容易成功的那一个。那么在犯罪路线的选择上，凶手肯定会选择更容易得手的那一条。现在关键的问题就来了，哪一条路线会是他们认为更容易得手的呢？在这里，我要引入一个心理学上的概念——“心理地图”！

现实中的世界有它自己的样子，道路、街区、建筑物、河流等等，但在我们心中，这个世界就不一定还是这个样子了，为什么？

首先，我们人类不像蜂鸟或者其他动物，对它们到过的所有地方都能保持细节性的记忆——这样它们才能做到“迷途知返”。我们只是将那些到过的地方的风景在脑中进行一个概括综合，“噢，那边大概是××××样子的”，所以我们才需要导航仪。

其次，我们将这些地方附加上了很多个人的情感和认知。比如我们经常会说“那个地方给我的感觉很好”，或者“我难过的时候会去海边”。

所以我们的心理地图其实是：真实的世界+个人的感知。

既然掺杂了主观成分，那么有一些东西肯定会对路线的选择产生影响，比如说：

1. 对路线的熟悉程度。

2. 对路线的喜好程度。

3. 中间会遇到的障碍的数量和类型。

4. 事实上的实际距离。

5. 整条路线的吸引力。

对于凶手来说，他们选择的犯罪路线，肯定是他们觉得最熟悉、最便捷、最舒服的那一条，这样事成后才容易全身而退，并且作案的时候才足够放心大胆！

其次，是不是在选好的这条作案线路上的每个点都可以下手？

当然不是！你没有听说过一句话叫“兔子不吃窝边草”吗？离凶手的“老巢”越近，犯罪的次数就会越少，因为他们觉得在那里犯罪被捕的风险会很高。所以以凶手的“老巢”为中心，周围会出现一个“缓冲区”，在这个区域内，凶手轻易不敢犯案，因为害怕被找上门来！他们也是要考虑机会最大化和危险最小化之间的平衡的！

说到这个“老巢”，其实就是我们每个人在生活空间里的“归属点”。这个“归属点”对我们来说是最重要的地方，也是我们经常出没的地方。对于绝大部分人来说，他们的归属点就是他们的家，也有一部分人把工作的地方当作归属点，还有的人同时拥有几个归属点。

也许有人会说：“很多凶手不都是居无定所，常常到处闲逛，或者无家可归的吗？他们也有归属点？”

凶手也是人，也和我们一样生活在现实环境中，也要吃喝拉撒睡，日常生活也要受到社会条件的约束，就像一个人去买东西，凶手也会选择那些最方便的地方，所以他们也有自己的归属点，只不过有些人的归属点总是在变而已。但这并不妨碍我们在归属点捕捉到他们的踪迹，因为总的来说，他们去那些经常变化的“归属点”的概率肯定要比去其他地方多！

最后，再来说说行凶地点。

我们知道行凶地点和尸体被发现的地方（抛尸地点）往往不是一个地方，这时候怎样确定行凶地点呢？对于这个问题的解答，我要说的是请参照上面的一点：“最小努力原则”！这是人类难以克服的“懒惰”，连抛尸这样的“大事”也是如此。再简单点儿说，就是扔也扔不了多远！一具尸体从杀人地点搬到抛尸地点，通常都不会超过50米。如果有汽车，可能会延伸到50米以外，但是这也为搜捕提供了便利，因为人们可以沿着公路网进行追踪，同时汽车也会成为证据。

凶手运送被害人尸体的过程，要受到时间、距离、速度以及费力程度的影响。就拿运尸的速度来说：

容易走的路——每小时5千米；

易拖拽尸体的路——每小时3千米；

道路崎岖，或者道路上沙石很厚，雪很蓬软，或者需要穿过茂密的树丛——每小时1千米；

遇到上坡——每500米需增加1小时；

遇到凹洼地——每1000米需增加1小时；

连续进行5小时——因疲劳需增加1小时。

有了速度、抛尸地点，再根据被害人死亡时间等因素，我们就可以推断出大致的行凶地点！

有趣的是，在这里也遵循“兔子不吃窝边草原则”：如果杀人和抛尸的地点不同，那么，凶手通常居住在被害人被攻击的地区；相反，如果被害人的尸体被留在杀人现场，那么凶手很可能不是当地人。一具被隐藏的尸体意味着凶手或多或少是归属点比较固定的人；如果一具尸体被暴露在光天化日之下，则暗示着凶手可能是暂住人口，或者不关心警方是否发现被害人。

知道了行凶线路、“缓冲区”和行凶地点以后，我们就能归纳出凶手的活动范围和规律，以便顺利找到他们的藏身之处！

看下面这张凶手作案地点选择的示意图：

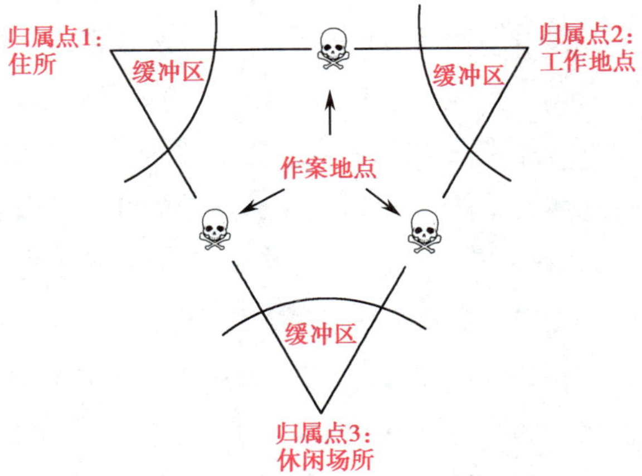

破获著名的“约克郡开膛手案”时就用到了这个技术。约克郡开膛手是继“开膛手杰克”之后，给英国妇女（不仅仅是妓女）带来极度恐惧的连环杀手，他通常喜欢寻找街头的流莺（或者他认为是妓女的女性）作为侵害目标，伪装成嫖客“光顾”她们，将她们引到僻静之处使用圆头铁锤、螺丝刀等工具将其杀害，再对尸体进行破坏。

约克郡开膛手前前后后共杀了13名女性，而警方就把这13名受害者遇害的地点用地图针在纸上标记出来，然后用一根线把地点串起来，最后问了一个问题：“如果把这根线延长，在哪里放置第十四根最便捷，又能使用最短的线？”实则是在寻找约克郡开膛手的归属点！

最后警方通过电脑分析出了第十四根针的位置。后来当约克郡开膛手落网后，人们发现其藏身之处与当时计算出的归属点非常吻合！

What——凶手做了什么?

我们都知道，通过笔迹鉴定能够确认一个人的身份，因为每个人的笔迹都是独一无二的，能够反映出他的内心特点。其实，在犯罪现场，凶手也留下了他们的“笔迹”——犯罪标记！

何谓“犯罪标记”？

人是形形色色的，凶手也是，他们有不同的经历、爱好和需要，所以，在相似的环境中，同样类型的案子，不同的凶手做出的行为就不一样，留下的痕迹也不一样。“犯罪标记”就是每个凶手特有的行为和痕迹，就像一个人的签名，是独一无二且稳定不变的。

所有的“犯罪标记”都代表着凶手作案时要满足的情感和心理上的需要，从而能够反映出凶手潜在的人格、生活经历等。比如说在电影《沉默的羔羊》中，凶手在每个被害人的喉咙中都放了一只黑蛾蛹。而这个凶手是个异装癖者，性别角色混乱，他想让自己由一个男人变成女人，但是苦于无法如愿，所以剥下女人的皮缝在一起，给自己做了一件人皮外套。黑蛾蛹就代表了他内心渴望蜕变和“破茧成蝶”的冲动！

下面我们来看几个现实中的真实案例。

案例 Case 1

一对十几岁的少男少女被抛尸。

现场是一个偏僻的地方，他们被强迫脱去衣物。男孩儿被开枪打死，女孩儿在被强奸后开枪打死。男孩儿女孩儿的尸体被放置成性交的场景：女孩儿正在给男孩儿进行口交。还有证据表明，凶手在女孩儿死后，曾与其肛交。凶手把被害人的尸体摆成这种姿势，就是他留下的一种标记，目的是让人们发现尸体时贬低他们的品行并诋毁他们的名誉。

从凶手对被害人尸体的处理方式，就能看出他（她）与被害人的关系。如果尸体衣着完整或被放在一个容易发现的地点，暗示着犯罪人对被害人是怀有“爱意”的。这样的尸体也说明凶手可能有宗教背景，对于被害人或社会没有明显的强烈仇恨之心。

如果一具尸体被随便抛弃于荒野，连简单的掩埋都没有，这说明凶手对被害人几乎没有什么感情，一旦满足了自己的欲望，他要做的就是赶紧将其丢到一边跑路。而那些被肢解后抛弃在公共场合的尸块，表示凶手有意引起公众或下一个目标的恐慌。

案例 Case 2

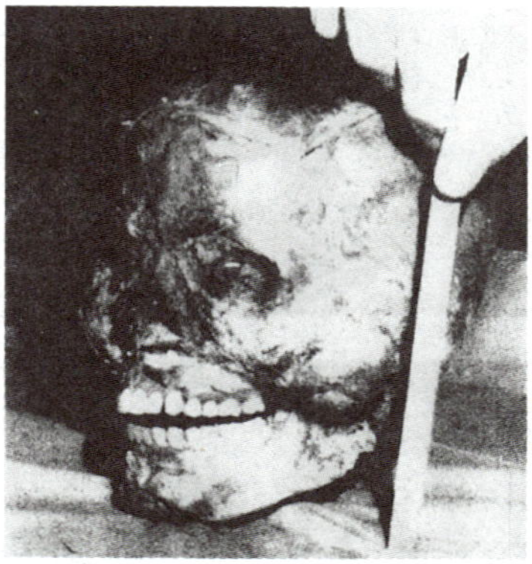

这是一起凶杀案中的女性头颅，其身体被肢解，并被放进不同的袋子扔进河里。从获得的证据观察，凶手在分解尸体时用的刀具很锋利，手法很精细。他把被害人的整个面部皮肤都仔细地剥离下来，没有伤及一点儿肌肉，非常有耐心和技巧。而且做这一切要付出很多时间和精力，风险成本很大。这说明，凶手这么做显然不是为了让尸体面目全非从而逃避侦查，而是为了自身的某种满足。

这个案子让我想起著名的“南大碎尸案”。南大碎尸案发生在1996年1月19日，地点就是南京市，被害人为南京大学成人教育学院一年级女学生刁爱青。被害人遗体碎片在其失踪9天后，也就是当年1月19日清晨，被一名清洁工在南京华侨路发现。据说尸体被加热至熟，并被切割成2000片以上，且刀法相当精细。这也是凶手留下的一种标记！

我们都切过肉，在切肉的过程中为了避免切到手，需要全神贯注，这样子几斤下来就难免疲惫和枯燥。那么什么人会专注地切完一具100多斤重的尸体，而且每一片肉都做到薄透整齐呢？他一定是“乐在其中”的！切肉的过程能让他得到欲望的满足和压力的释放！这个人身上一定存在着一种情况：巨大的心理创伤需要抚平，或是巨大的心理能量需要发泄，或是要为过去做出某种补偿！

案例 Case 3

一名25岁的年轻女子在一家超市购物后，在回家的路上遭到强暴。凶手重击她，抢劫她，最后将她掐死。没过多久，另一名34岁的女子在路上遭到强暴，脸部严重受伤并被掐死。

犯罪心理画像专家研究过这两起案子后，认定这是一人所为，可以并案处理。因为在这两起案子中，凶手留下了相同的犯罪标记！具体是：咬下巴，咬侧面的左乳房，残忍的面部击打，从正面将被害人用手掐死。

在这类攻击行为中，凶手的欲望并不是对被害人的伤害，而是对她们的性占有！在这里，性行为是一种手段，是对潜在的情感匮乏的一种补偿，并借此来炫耀他的优势、力量、控制能力、权威、身份和能力。他的目标是性征服，为达到这个目标只能通过暴力手段。

以上这些“犯罪标记”是行为上的，还有一种是口头上的。

当然这是在受害者还活着的情况下。

有个罪犯将被害人劫持到一处偏僻地方的货车里，用工具折磨她，对她吼叫，让她尖叫给自己听。在对这个被害人长达数小时的攻击时间里，他一边做着抚弄的动作，一边“振振有词”。后来被害人回忆了贯穿于整个暴行过程中的罪犯说的话，其中可作为“标记”的如下：

“脱下你的裤子！”

“不许穿裤子！”

“把你那该死的衣服脱掉！”

“脱掉，脱掉，马上脱掉！”

“把裤子脱掉！”

“把你那该死的靴子脱掉！”

“脱掉，脱掉！”

“跪下，把手放在头后面，来回晃你的乳房！”

“给我扭你的屁股，我想看它们动起来！”

现场除了留下静态和口头的“犯罪标记”，还有一种动态的“犯罪标记”，就是凶手们寻找受害者的方式！

在这里我们可以把它们总结成四种：猎取者、偷猎者、机遇者和下套者。

猎取者：

猎取者会以他们的住所（归属点）为中心，在他们觉得“适宜”的区域搜寻猎物目标——被害者。这也是系列杀手最常用的方式。杀死三名幼童的系列杀手艾伦就是这种类型的。他曾在日记中写道：“现在我已经为第二天的猎杀做好了准备……我将从上午10点开始工作，在外面吃午饭，这样中午就可以不用回家了。”

由于猎取者通常只在他居住的城市作案，所以当在一个地点得手后，这个地点就会被暂时弃用，因为他们会考虑被捕的风险。艾伦就是这样，当他在经常猎取目标的公园中杀死了第一个儿童后，他在2—3个月内再也没到那里“踩点”过。

偷猎者：

偷猎者就不用担心“兔子不吃窝边草”这个问题了。他们经常去别的城市，或者是离自己的“归属点”很远的地方作案，属于四处流窜型，让人摸不到他们的活动规律。这样就巧妙地把自己的“老巢”保护起来：

“抓不到我，你就是抓不到我！”

机遇者：

机遇者在生活中绝对是个“随缘”的人，讲求“命里有时终须有，命里无时莫强求”。他们不会刻意去寻找目标，更多的是在工作中、生活中赶巧与目标相遇，然后下手。虽然他们讲究“顺势而为”，但是在下手之前，他们早早地就在心中预谋好犯罪的步骤和过程，就等猎物上钩了！

下套者：

下套者都有自己的工作，他们借助工作身份接近受害者，比如凶手是一名护士或者医院杂役的话，被害者往往会主动找上他们。然后他们再耍诡计将目标诱骗到他们家中，或者他们可以控制的地方下手。他们的计谋可能是邀请一起“愉快地玩耍”、谈个生意或者收留寄宿什么的。

美国著名的“死亡天使”就属于这个类型。

凶手查尔斯·库伦作为医院的一名男护理，看起来十分儒雅，却在16年护理生涯中，用令人难以置信的残忍手段，谋害了40名甚至更多的病人。他值班的时候，经常会有病人诡异地死去，他所在的4层东区病房被称为死亡病房。

除此之外，大部分的女性系列杀手都属于这种类型。

前面我们说完了尸体的情况、作案地点的选择、案发现场留下的标记，最后，我们再来说说凶手犯罪时的情形——

How——犯罪现场重现！

在美剧《汉尼拔》中，我特别喜欢看男主角FBI特别探员威尔·格雷厄姆到达凶杀现场后的表现：他只需环顾四周，闭目沉思，然后就“进入”另一个世界。在这个世界里他就是凶手本人，做了凶手做过的事。等他睁开眼，从那个世界回来，他就能够重现犯罪现场，知晓凶手作案的全部过程！他能做到这个，是因为他有一种特别的共情能力：可以在犯罪现场根据线索进入凶手的思维，以凶手的角度思考，还原犯罪经过。

在现实中，办案人员有没有那样的能力？说没有太过绝对，我只能说情况比较相似，但效果远没有那么强大和戏剧性。我们不能仅凭闭目一想就将现场还原，我们靠的是实实在在的证据，比如说：血迹、印痕和灰尘！

血迹会说话

提到血迹，我们要说的是它的大小、形状、分布。

血迹的大小能告诉我们血迹是怎么形成的，是滴落的、飞溅的，还是喷涌而出的。

血迹的形状能说明血液落下的角度。当作用的角度越小，血迹形态就变得越长。而且被害人在水平方向上的运动速度越快，所形成的血迹形状会越长，血迹之间的距离也会变得越大。

从下面这个图中你就可以看得出来：

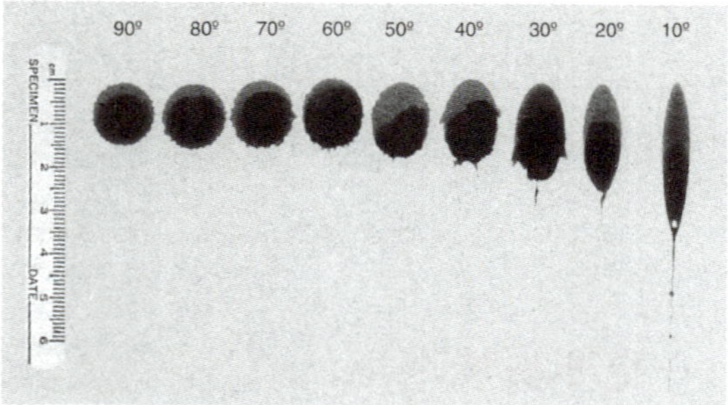

血迹的分布则可以帮我们确定血液来源的起点，比如像下面图中这样：

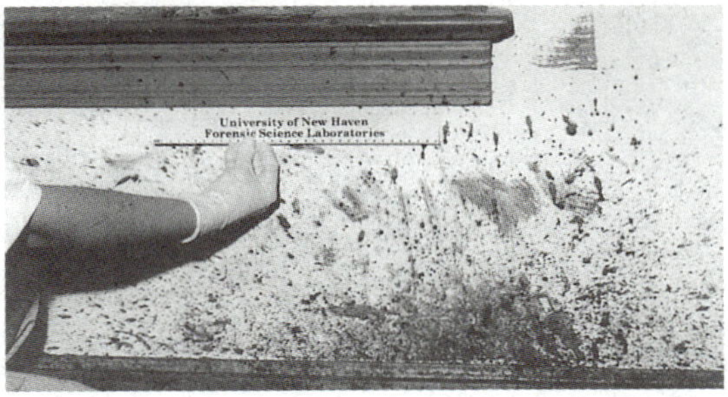

现在说一个具体的案例，看下面的两幅图，它们是一个犯罪现场留下的血迹照片。

一对夫妇的尸体在他们住所的地下室被人发现，两人都是被殴打致死的。图片中显示了犯罪现场的两处场景。地板上有血液滴落的形态、接触擦拭形态、中等速度喷溅血迹和较大的血泊。

通过对这些血液痕迹的研究，可以对犯罪现场进行重建：

他们的养子破门而入，先是用斧头打死父亲。随后，他将父亲的尸体拖到一个不易看见的角落，用床单盖起来。然后，他埋伏起来，等待母亲进入地下室。他又用斧子砍死他的母亲，将她搬出地下室。母亲的血滴落在父亲的血迹拖痕之上。整个现场就是这样。

当然，血迹能告诉我们的东西远远不止这些。有人说，我把血迹全部清洗掉不就神不知鬼不觉啦？那你准是忘了世上还有一种神奇的东西叫“血液增强显示剂”！

来看下面的图：

有一个案子就跟这个有关：

一名年轻女子在一个炎热的夏天不声不响地失踪了。她平时一直与亲戚保持着亲密的联系，但是她的亲戚有24小时没有听到她的音信了，这不正常。于是他们就频繁地给她家打电话，每次都是这名女子的丈夫接电话，他总搪塞道：“噢，她出去买东西了。”或者说：“她去××家了。”最终，在亲戚的再三逼问下，他说道：“我也不知道她去哪儿了。”

几天后，警方介入了，一个犯罪实验小组被派往这名女子家中。

显然，她的丈夫是嫌疑犯，因为在她失踪后不久，他就从她的银行账户里提取了一大笔钱。现在问题是，生要见人，死要见尸，她到底哪儿去啦？警方四处搜寻，连院子都翻遍了，以为她会被埋在院子里，但是也没有收获。

后来警察带她的亲人来察看这座房屋，问他们："你们看看这里是否少了什么东西？"

亲人注意到地下室的一个沙发床不见了。在夏天的几个月中，她经常会待在地下室避暑，躺在沙发床上休闲娱乐，现在这个沙发床不见了！

随后，警方就在原来摆放沙发床的地方喷洒血液增强显示剂。当他们把灯关上之后，墙壁上发出了荧光，并且显示出沙发床背的轮廓。地上也发出了荧光，显示出沙发床被放下来时留下的轮廓。这说明什么？这说明除了沙发床所在的位置，其他地方曾经都是血！这张沙发床当时处于被打开的状态，一个坐在上面的人受到了攻击，产生了喷溅状的血液。沙发床挡住了墙壁和地板的某些地方，其他地方则被溅上了鲜血！

除此之外，警方还看到发出荧光的斑块一直延伸到地下室的卫生间中，还有一些延伸到楼梯上……现场的情况已经非常明显了。于是警方开始检查卫生间，当拧开下水管的盖子时，警方发现里面粘着很多组织碎片，其中有用肉眼就能看得出的人体组织……

受害者的丈夫交代，他将那个沙发床卖给了收废品的。警察很快找到那个人，但是没有找到沙发床。收废品的人说那个沙发床要比看上去重得多。——显然，里面是夹了什么东西。按照整个现场的情况来推理：受害者的丈夫是在沙发床上将她杀害，然后在浴缸中将她的尸体肢解了，再将尸块放进沙发床中，用绳子捆住，最后让那个收废品的把沙发床扔掉。

后来审讯证明，案件的实际经过和现场血迹透露的信息完全吻合！

印痕也会说话

人们往往意识不到，脚印其实与指纹一样重要。在许多情况下，它甚至比指纹更重要一些，因为现在很多犯罪现场根本找不到指纹——凶手都开始戴着手套作案了！

怀疑脚印重要性的人是觉得："同一种类型的鞋鞋底不都一样的吗？不具备区分性啊。"但是如果你把鞋脱下来仔细观察一下鞋底，你就会发现上面除了鞋子本身固有的花纹外，还有大量独特的、无规律的痕迹、划痕和缺口。不同的人步长、体重、走路姿态都不一样，所以会留下不同的痕迹。即使500个人穿着一样的鞋子，仍然可以区分其中的每一双鞋子，每一双鞋子都不一样！

和脚印一样重要的还有轮胎印。能看懂轮胎印绝对是个技术活！因为它非常非常复杂，你必须了解轮胎是怎么组装的、怎么磨损的以及许许多多的东西，才算是入了门。

轮胎印能告诉我们很多信息，比如是什么类型的车。有些轮胎是某种汽车特有的，有些轮胎是原车配备的，你可以顺藤摸瓜，从轮胎印找到轮胎，又从轮胎追踪到汽车的制造商，然后通过制造商获取更多的信息。

这里就说一个与之相关的案子：

有一个女人，她的前男友开车将她和她现在的男友带到一个公园，枪杀了她的现男友。然后前男友开车将她带了回去，威胁强迫她与他保持关系，并且不准向别人透露半点儿风声。这个前男友还是懂一些轮胎印迹方面的知识的，那辆汽车是他朋友的，他担心警察发现尸体后会通过轮胎印迹追查到他头上。

他是这么做的，他用刀将这辆车的四个轮胎全部扎破，对朋友说："那个谁，你车胎漏气了哈，四个都漏了哈，赶紧去换胎吧。"然后他就到轮胎店用他朋友的信用卡买了四个新轮胎。但是这个人太"抠搜"，旧轮胎回收需要花50块钱，他连这点儿钱都不愿意出，把这四个旧轮胎带了回去，放在他家后院附近。几天后，警察找到了他，他们查看了那辆车的轮胎，发现它们与现场的印迹不符，但是随后又发现了那四个被扎漏的旧轮胎，一比对，印迹完全吻合！

灰尘还是会说话

大家应该都看过赵本山的小品《卖拐》，里面一段对话让我印象深刻。范伟问赵本山："你猜我是做哪一行的？"赵本山说："脑袋大脖子粗，不是大款就是伙夫！你肯定在饭店工作！"范伟说："大哥，真让你猜对了！我就是个厨师！"高秀敏问赵本山你怎么猜到的，赵本山说："一身葱花味！"

就是这么回事！我们所有人身体周围都带着一团灰尘，它可以说明我们去过哪里，接触过什么东西，是做什么工作的，等等。每个人所带的灰尘都不一样，如果你是一位教师，那么可能会从你身上掉下粉笔的粉尘；如果你是电焊工，那么可能会从你身上掉下细小的金属颗粒。

如果你现在放下这本书出去实施犯罪，你身上可能带有只有用显微镜才能看得见的纸浆和印墨的颗粒，也许还有你所坐的椅子上的纤维和木屑颗粒。你还会携带你在前往犯罪现场途中接触到的物质，比如你经过树丛，身上沾上了植物的孢子。你在现场接触过的任何物品都会沾上你特有的细微灰尘。你也会将现场的一些微小颗粒带走，并把它们留在你去过的所有地方。即使你没有在现场留下DNA、指纹和体液，这些微量痕迹也能不可辩驳地将你和你的罪行联系起来！

下面就拿最常见的灰尘——纤维来举例，来说两个案子：

案例 Case 1

一名妇女失踪有一段时间了，警方怀疑她已被她的丈夫谋杀。他们的一个孩子可能目睹了这场谋杀，但是这个男孩儿却不肯透露任何信息。

后来警方在一个很浅的坟墓里找到了这名妇女的尸体。由于尸体已经高度腐烂，无法在皮肤和内脏上看出伤口了，调查人员不确定她的死因，就把她的衣服送到了痕迹分析部门。痕迹分析员用显微镜观察这些衣服的破裂处，看看它们是被割开的还是被撕开的。结果得出结论，确定她腹部和上胸部的衣服上的两个口子是被刀刺出来的！

验尸官看到这个结果后表示，这两个刀伤不会在骨头上留下痕迹，但是它们都位于致命部位！就在这个时候，那个孩子告诉警方是他的爸爸扎死了妈妈。衣服上的切口与这个小男孩儿的陈述完全一致，凶手最终承认有罪。

案例 Case 2

一名妇女全身赤裸地陈尸于路边。警方在她的阴部发现了一根纤维，这是他们在现场能找到的唯一证据了。

这是一根非常粗大、丑陋、像婴儿大便一样橄榄绿颜色的人造纤维。通过观察，痕迹分析员认为这是一根地毯纤维，因为它的直径大于45微米。地毯纤维的一个定义就是要大于45微米。另一个值得注意的是，它是一根人造纤维，而在那个地区用人造纤维编织的地毯并不多。

通过与业内人士交谈，发现1973年之前，通用汽车公司在某些汽车上曾经用过人造纤维和尼龙编织的地毯。痕迹分析员接着给通用汽车公司打电话，确定这种地毯只在1972年以前生产的某种型号的汽车上使用过。

接着痕迹分析员又给调查人员打电话：

“你们有没有嫌疑人？”

“我们正在调查两个人。”

“他们是否有一辆旧车？”

“是有一辆旧车。你为什么问这个问题？”

“那辆车是不是1972年以前生产的？”

“是。”

“车内部是不是墨绿色的？”

“是的。你是怎么知道的？”

痕迹分析员随后从那辆车中得到了一些样本，它们与现场发现的纤维完全匹配！接着，警方在案发地周围的机动车管理部门的记录中进行了搜索，结果只有8辆在种类、型号和登记日期上完全匹配的汽车。在他们拿这一信息与犯罪嫌疑人对质后，嫌疑人就招了。当时的经过是这样的：被害人的汽车出了问题，这个家伙前去提供帮助，他带走了被害人，在自己的车中强奸并杀死了她，最后就把她的尸体抛在路边。

至此，关于犯罪现场所有的组成部分就说完了，那么下面，我们是不是该来一个全套的分析啦？

Part 3

>>>

做一个完整的犯罪心理画像

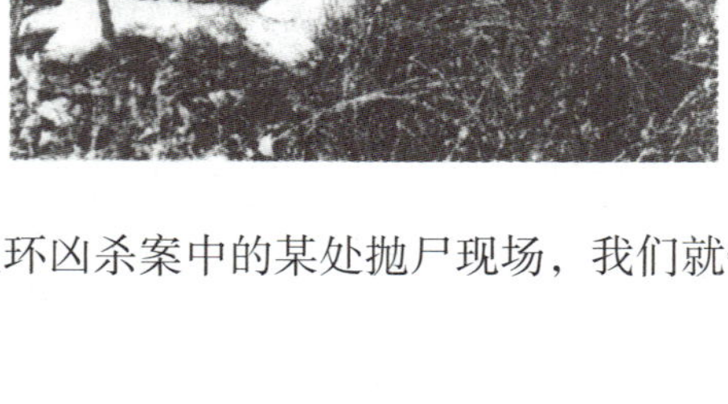

上面是一起连环凶杀案中的某处抛尸现场，我们就针对这个案子做一个犯罪心理画像。

需要了解的是——

When：什么时候死的？

根据尸斑和腐败情况，还有蛆虫发育的阶段，可以推断这具尸体的死亡时间是2—3天前。

Why：自杀还是他杀？如果是他杀，死因是什么？

从照片上也许看不出来，实际上这具尸体被毁坏得非常严重。她的头和左胳膊几乎被割断，乳房和鼻子被割掉，大腿和前额被扒皮，内脏被掏空，身体的器官堆放在旁边地上。所以能肯定的是，这不是自杀！（自杀难度也太大了……）

尸检后发现她的致命伤是头部受重物击打所致。

Who：被害人身份调查

姓名：玛丽·凯利（以下简称玛丽）

种族：高加索人

性别：女

年龄：27岁

身高：160厘米

体重：50千克

头发：褐色

职业：待业

交友：玛丽在死亡前刚离婚，因为她丈夫对她进行家暴。死亡前不久双方还有联系。认识她的人都不知道她还有别的社会交往。

社交经历：所有人都认为玛丽是一位可爱的、谦虚的、健谈的姑娘。她最近刚刚辞去了医院的护士职位，以便能更多地陪伴两岁大的儿子。她同时在便利店兼职，她的同事对她印象都很好。

家庭情况：不明

既往病史和精神病史：无

生活方式和遇害风险：玛丽的生活方式正常、健康，同时遇害的风险也很低，因为她穿戴和行为举止都很谦逊；没有男朋友；不滥用药，不酗酒，不沾毒品。唯一能提高她遇害风险的就是她与暴力前夫的关系，以及太容易轻信别人。

Where：犯罪地点的选择

发现玛丽尸体的地方就是第一现场，她在这里遇害，又陈尸在这里。图片中这个小树林看似荒凉，实际上它地处市中心，为周围居民提供休闲娱乐。而在这起连环凶杀案中，几件案子的案发现场都相隔得不太远，不超过一个街区。

What：犯罪“标记”

闪电式的攻击和出于强烈虐待欲望的杀人手段；

犯罪现场表现出严重的心理变态；

没有性攻击的迹象；

损毁尸体并且切除尸体器官，但是没有死前折磨的迹象；

有着细致的仪式般的行为；

他选择的是容易接近的被害人；

所有犯罪都发生在周末的清晨时分；

凶手属于“猎取者”！

How：犯罪现场重现

根据犯罪现场的脚印和周围树木、草地上的痕迹等可以推断，当时的情况是：受害者是在树丛边行走，突然被从树林中窜出的凶手从背后猛击头部，失去知觉后被拖入树丛中。

但是现场没有发现凶手的指纹、血迹和毛发等，这反映出凶手有一定的反侦查能力。而且值得注意的是，被害人的头发天生是褐色的，但是在现场却被染成了红色。如果凶手不是因为某种特殊需要这么做的话，那么染发也明显是一种反侦查行为，以掩盖被害人的身份。

在本案中，犯罪时间、犯罪标记、暴力的残忍程度都支持这样一个结论：凶手是由于愤怒、渴望报复而实施了犯罪行为。他不是单纯地针对某个人，而是有着共同特征的某个群体！

综合上面的一系列信息，我们现在可以得出对本案凶手一个大致的“心理画像”：

男性，28—36岁（依据受害者受伤的情况）；

智商一般，并没有太聪明（依据凶手的反侦查能力）；

单身，从未结过婚，通常与人交往有困难，尤其是女人（被害人的选择）；

经常夜间活动，而且从不对任何人解释（被害人的遇害时间）；

很习惯和熟悉周围的环境（作案地点的选择）；

个人卫生很差，看起来总是衣冠不整（犯罪现场情况）；

人格不健全，自我形象感差，情绪反应压抑（犯罪现场和被害人的情况）；

是一个安静的孤独者，性格内向，缺乏社交（犯罪现场情况）。

下面几项特点的依据大家可以自己试着寻找，对号入座：

处于较低的社会阶层（？）；

在家附近实施犯罪（？）；

从事一项不起眼的工作，与公众很少接触或没有交流（？）；

周一到周五上班，可能是个屠夫、验尸员助理或医院服务员（？）；

出生于一个破裂的家庭，儿童时期缺少关爱和成人树立的榜样（？）；

被一个支配型的女性抚养，她性生活混乱，与不同的男人发生过性关系，并对他身体或者性上虐待过他（？）；

他在儿童时期可能纵过火或者虐待过小动物（？）；

曾被妇女讨厌，恐吓，威胁过（？）；

他的愤怒已经压抑至极（？）；

具有精神上的错乱和性功能不足，对女性具有普遍的仇视（？）；

渴望权力、控制和支配（？）；

行为不规律（？）；

出于性动机进行犯罪，并使被害人丧失女性特征（？）；

在杀人前先到当地酒吧喝酒（？）；

夜间猎取，凌晨时分曾被人目击在街口游荡（？）；

没有医学知识或外科技术（？）；

曾在某地点被警察询问过（？）；

在杀人后没有感到自责，生活也没有产生变化（？）。

凶手被抓获后，发现他的实际特征与犯罪心理画像中的描述十分吻合！

至此，犯罪心理画像的内容就全部结束了。

第七篇

“海盗船长，嘿咻嘿咻；粉红娘娘，哎呦哎呦”

人类的性行为探秘

Hardcore Psychology

重口味心理学 3

绝大多数哺乳动物是一夫多妻的，即一个雄性拥有好几个雌性配偶。这类动物中雄性往往比雌性体格更健壮，这样才能抢到“媳妇”！用科学术语说，这些物种在性方面是“二态”的！顾名思义，二态就是两种不同的形态。再简单点儿说，就是公的和母的看上去不一样！

而实行了一夫一妻制的物种则是另外一种情景。比如说长臂猿，你经常可以看到它们在森林中荡来荡去，但是你很少看到它们“当众做爱”，甚至连外生殖器也不是那么惹眼。在一夫一妻制的交配模式下，公长臂猿没有性选择的压力，因此它们也没有必要在体格上比配偶强壮，它们只不过是携带睾丸的工具而已。

在前面的文章中，一说到心理出了问题，我们总能听到一种熟悉的说法："心理的性能量被压抑了，被扭曲了，或者被怎么怎么着了。"至少在弗洛伊德弗大爷，甚至在以他为代表的整个精神分析学派的眼中，这都是铁板钉钉的事！由此看来，性可以说是人类生存的主要动力来源，是生命的本质和核心。

那么在这里，在说了好多心理问题，"千帆过尽"之后，我们也追本溯源，回过头来说说这个人类一切行为的本源——性！

Part 1 >>>

性生活方式最奇怪的动物！

我们为什么要研究自己的性？一方面，是为了更好地了解自己的心理和行为；另一方面，实在是因为它太奇怪了！正所谓“物以稀为贵”，非常具有“研究价值”！

如果你养了一条狗，它同你一样会思考，能表达，你问它如何看待人类的性生活，它的回答可能会让你大吃一惊：

“那些讨厌的人类每个月都不择时日地做爱！我的女主人甚至在明知道她不可能受孕的情况下（比如她的经期刚刚结束），仍然需要性。男主人总是对性热情高涨，根本就不在乎他的努力能不能制造出一个孩子来。还有更野蛮的事呢，女主人居然在怀孕的时候仍旧和男主人做爱！

“每次男主人父母来小住的时候，情况同样糟糕，我甚至能听到他们不顾年迈依然在做爱，而男主人的妈妈在很多年前就已经过了你们人类所谓的‘绝经期’。尽管她现在不可能再生孩子，但她仍然需要性，男主人的爸爸总是满足她，简直是浪费精力呀！还有一件最奇怪的事情：男主人、女主人以及男主人的父母，他们居然都关起门来私下做爱，而不像我们自尊自爱的狗，在朋友面前光明正大地做这事！”

乍一听狗的看法，你可能会十分震惊，觉得不可理喻！但冷静下来想一想，它说得也不无道理。对于什么是正常的性行为，你必须“解放思想，实事求是”，不要拘泥于人类的看法。现在不是在呼吁看问题要有“国际视野”嘛，这里需要你有“全物种视野”！我们人类自认为正常的性行为方式，跟这个世界上其他3000万种动物的标准比起来，实在是太反常了！

首先，就拿世界上大约4300种哺乳动物（我们人类也是其中之一）的标准来说说正常的性活动是什么样的：大多数哺乳动物并不是以“一公一母”共同照顾后代这样的“家庭模式”生活的，相反，很多哺乳动物的成年雄性和雌性都是独居的，至少在“生孩子”时期如此，两性相会只为了交配！因此，雄性并不提供“父爱”，精液是它们对后代以及临时交配对象的唯一贡献。

其次，大部分哺乳动物都不会对自己的性活动遮遮掩掩，而是会当着大伙的面“嘿咻嘿咻”。例如，一只母猕猴在发情期会和种群中的每一只成年公猕猴交配，“交完这个交那个”，当着大家的面，坦坦荡荡，热热烈烈！真是“原谅我天生放荡不羁爱直播”！

最后，大多数哺乳动物中的成年雌性在排卵期会表现出明显的症状，向身边的异性发出通告：“爷们儿们，赶紧的呀，还等什么！”这种通告可以是视觉的（阴部区域变成鲜红色），嗅觉的（散发出一种特别的气味），听觉的（发出响声），或者是行为的（蹲伏在一个成年雄性面前，展露阴部，扭屁股）！而且雌性只在排卵期才有性的要求，在其他时候，由于缺乏挑逗信号，它们对于雄性来说是没有任何吸引力的！同时它们也会严词拒绝不合时宜的来自雄性的性要求。它们的性仅是为了生育，与快乐无关！

那么，人类为什么会不择时日地做爱？为什么会不论结果地做爱？为什么会一夫一妻躲起来做爱？接下来你会得到所有答案！

Part 2 >>>

妻妾成群——人类本应也是一夫多妻制的？

现在回忆一下你最近一次去动物园时看到的情景。那里的哺乳动物很明显地分为两类：一类能够很容易地辨认出哪些是公的，哪些是母的；另一类则很难辨别出公母之间到底有什么差异。

拿前者来举例：

身体壮硕、满身粗乱毛发、不修边幅的公狮，确实无愧于“动物王国的君主”这个称号，而它的王后们则在外型上与它截然不同：母狮子身体匀称，体态娇美，举止优雅，毛发富有光泽而润滑。

公鹿体态健壮，长有鹿角，脖子粗壮得如公牛一样，吼叫起来如同咆哮。当进入发情期，它浑身散发出难闻的臭味，双眼闪烁着疯狂的欲望。母鹿则性情害羞，举止端庄，一副贤良淑德的样子。公鹿和母鹿的差别如此悬殊，你即使把它们当成了两种不同的动物也不足为奇。

同样的，跟我们人类最接近的猿类动物，比如红毛大猩猩，也是如此。公猩猩体态粗壮，长着一副历尽沧桑的脸和一对无精打采的眼睛，活像一尊弥勒佛。同时它还有一副犬齿般的牙和硕大肿胀的阴囊。母猩猩的面部看起来更像人，当它站立起来时，就会暴露出红肿夸张的大屁股，足以把围观它的小孩吓跑。

所有这类动物和绝大多数哺乳动物一样，是一夫多妻的，即一个雄性拥有好几个雌性配偶。这类动物中雄性往往比雌性体格更健壮，这样才能抢到“媳妇”！用科学术语说，这些物种在性方面是“二态”的！顾名思义，二态就是两种不同的形态。再简单点儿说，就是公的和母的看上去不一样！

而实行了一夫一妻制的物种则是另外一种情景。比如说长臂猿，你经常可以看到它们在森林中荡来荡去，但是你很少看到它们“当众做爱”，甚至连外生殖器也不是那么惹眼。在一夫一妻制的交配模式下，公长臂猿没有性选择的压力，因此它们也没有必要在体格上比配偶强壮，它们只不过是携带睾丸的工具而已。

按照上面这种分类，我们人类到底属于哪一种类型呢？

现在让我们设想在一个笼子里关着一对男女，他们被剥离了所有的道德“外衣”，一丝不挂赤条条地站在那里。这时你可以看到：

男性通常要比女人身材高，体重大，体格强壮，有粗浓杂乱的胡须，还有可能脑袋光秃秃的。而那位女性则乳房丰满，屁股肥硕，骨骼纤细，不像男性有那么多的肌肉，绝大多数男性旁观者一下子就被她吸引住了。

数据表明，男性的体重比女性平均多出15%~20%，在体格上也比女性健壮。尽管男性与女性的体态差异不像大猩猩那么明显，但毫不含糊地说，我们人类在性方面也是“二态”的！

所以，拥有“二态”的我们，也本应该是一夫多妻制的！这个看我们古时候的男人就知道了：“但凡经济宽裕点儿的，哪个不是妻妾成群？”

那么为什么到了现代社会就不是这样了呢？

我要说这一切都是看女人的“心情”，你信吗？

事实就是这样的，看似唯唯诺诺、柔柔弱弱的女人，才是整个生命链背后真正的“主谋”！不信就来看。

拿海象来说，在它们的生存过程中，雄海象必须进行搏斗，不仅是为了打败其他雄性，更重要的是为了被雌性选中。雌海象喜欢高大、威猛、强壮且好斗的雄性，因为这样的雄性在大自然中会更容易存活下来，雌海象很想将这种基因传给自己的孩子。当然，雌海象对异性选择的偏好也会自然地传给它们的女儿。

所以当一只体型弱小的雄海象试图与一只雌海象交配时，这只雌海象会大声发出吼叫：“走开！这个样子还想动老娘？老娘一屁股压死你！”而听到警报的强壮的雄海象会跑过来，对着入侵者威胁性地昂起头，露出结实的胸膛：“小瘦猴，大哥的女人你也敢动？”这个姿势就足以吓跑较小的雄海象。

因此，雌性的偏好实际上是决定雄性之间竞争的关键因素。如果雌性不介意与弱小的雄性配对，那么它们就不会大声发出警报，而是会：“来嘛，姐姐就是喜欢你这样的小弱草。”从而大自然对于雄性海象体型和力量的选择压力也不会这么严酷。

简而言之，雌性的偏好决定了雄性的竞争规则！

类似的情况放在夫妻制度的选择上也一样。

在这里我们先要记住一点：那就是进化的力量！进化总是选择那些最有利于将后代抚养成人的方法和策略！说白了，就是怎么能把娃养活怎么来！

这一点在螳螂身上体现得非常极致：把老公吃掉！即雄螳螂在交配后，甚至在交配的时候，就会被配偶吞食，而且它被吃得心甘情愿！因为它没有任何逃跑的企图，甚至将脑袋和胸部靠近雌螳螂的嘴巴，方便雌螳螂顺利吃到它的大半截躯体。与此同时，它的腹部仍在继续向雌螳螂体内射精，真正做到鞠躬“精”瘁，死而后已！

有人会说：“这为了生娃，还得先自杀，进化的意义又何在呢？”提出这种质疑的人，是将“进化”理解成尽可能地保证生存，然而实际上，进化的意义是基因的传递！而生存在多数情况下只不过是确保基因可以不断传递的手段。所以说，生命诚可贵，爱情价更高，若为“香火”故，二者皆可抛！

对于螳螂来说，它的进化逻辑是无懈可击的，但是对于人类来讲则是怪异非常的！因为人类的生物特征，决定了“吃掉老公”对于养娃一点儿用处也没有。如果有人分析过“人肉的营养价值”，会发现，在女人怀胎或者做月子期间，仅靠消化男性的身体是无法明显改善她的营养水平的。换句话说，吃人肉跟吃猪肉得到的养分没有太大区别！

回到夫妻制度的选择：

为了确保生育（基因传递）成功，女人虽然不需要吃掉男人，但是她们却需要更多的其他物质资源。如果资源供给不足，她就不得不牺牲自己，与其他女人共同拥有一个男人。就像很多哺乳动物，在食物供给不足的情况下，与其他雌性动物共同拥有一个雄性动物。这就是一夫多妻制！

而现今社会，经济高度发展，物质资源不再像以前那样有限，更确切地说，是女人手中的物质资源不再像以前那样有限。现在的女性有自己的社会地位、工作和经济收入，足够养活自己，这时女人便又做出了自己的选择：“你想娶两个老婆？我还不干呢！”更有甚者，当女人自己有了超量的物质以后，男人存在的价值对她们来说已经变得很小：“爱过过，不过拉倒！自己一人好着呢！”这时，如果女人觉得手头资源不足的话，便会出现“返古”的情况——这也是很多“小三”出现的原因之一：在有些情况下，一些女人宁愿选择一夫多妻制，成为某位有权有势的男人的妻子之一，也不甘心跟一位一文不名的贫弱男子厮守终生！

所以无论是一夫多妻，还是一夫一妻，都是女人说了算！

神出鬼没的卵子——人类隐秘的排卵期

我们都知道一件事：男人和女人，或者说雄性和雌性，他们为繁育下一代付出的精力是完全不对等的！比如，男人只需要花几分钟性交，射出几毫升的精液，女人则要怀胎十月，将孩子生下来后还要继续照顾，这中间两者付出的时间和精力相差巨大！

而且，男人在与一个女人交配后，稍作休息，便可以再与别的女人交配，借此创造出更多的子孙来延续血脉。比如，男人每次射精都会释放至少几千万的精子。如果男人在他媳妇280天的孕期内每28天射精一次（这一射精频率相信多数男人都能轻松做到），那他释放出的精子足以令世界上20亿左右的育龄妇女受孕，前提是他能顺利地安排每个妇女接受他一个精子。而即使生育能力最旺盛的女人，一年也只能生一次孩子！

还有，我们描述家畜生产时都说是“下马驹”、“下猪仔”、“下狗崽”、“产羊羔”，但描写人生育时却没有说是“下人”的，而用到了“分娩”这个词。因为分娩有着“痛苦、劳累”的含义，正符合人类女性生产时艰辛、危险的状态，这些都是男人不需要体验的。

最后，在人类的进化史中，男人要离开一个偶然遇到的伴侣，付出的的代价不过是几个月的时间（花几个月时间另寻他人），他的繁殖成功率并不会因此大打折扣。女人就不同了，她们也可以离开一个偶遇的伴侣，但是，如果她已经怀孕，她将承担这个决定所导致的代价！少则几个月、几年，多则几十年，甚至一辈子——单亲妈妈也不是那么好当的！

所有以上这些导致了男人会有一种天生的本能，就是在令女人受孕之后立刻弃之如敝屣，马上开始下一轮的追逐。这跟动物界中的许多雄性动物是一样的。如果雄性埋头照顾孩子，它将失去许多可以“散播种子”的机会。

但是，女人不干了：“老娘给你辛苦生娃养娃，你丫的倒是想风流快活，没门儿！”于是女人放出两个大招，其一就是神秘莫测的排卵期！就像前面那只狗说的：“那些讨厌的人类每个月都不择时日地做爱！”女人的身体进化出了连自己也无法发觉的排卵期，其目的之一就是为了“留住”男人！男人的目标就是播下种子，让对方怀孕，好延续自己的香火，然后走开（当然这是最理想的状态）。但是女人那无法确定的排卵期，让他们很难做到“一击即中”，只能今天“嘿咻嘿咻”，明天再“嘿咻嘿咻”，即使长时间未果也不敢轻言放弃：

“亲爱的，能给我个准信儿不？”

“你猜！”

而且，只有女人的排卵期不确定，她们才能随时随地接受男人的性要求，才能维系彼此间的亲密关系，而不是像其他哺乳动物那样，一年才发一次情：

“亲爱的，我想那啥了……”

“今年已过，明年赶早！”

根据世界卫生组织的估算，全世界每天发生大约一亿次男女两性间的性行为，但其中只有不到100万次可以导致怀孕。也就是说，99%的性交都只是狗眼里的“简直是浪费精力呀”，不会有生育结果。因此看得出来，跟动物为了生殖而性交不一样，人类更多的是为了快乐而性交。

有些哺乳动物，哪怕不是为了生殖而性交，它们对于性交的利用方式也跟我们不一样。打个比方，倭黑猩猩用性交来缓解紧张，它们应付任何突发状况的解决办法就是性交。发现一棵树上长满了成熟诱人的果实，眼看为了争夺果实就要展开一番战斗，它们开始性交；遇到一群陌生的倭黑猩猩，它们就性交……

相比之下，人类的性爱目的就纯粹多了——做爱做的事！所以用亚里士多德的话说，人就是这个世界上最耽于情欲的动物！

女人也是利用了这一点，用频繁的性交来加深彼此的感情，使彼此在抚养孩子的艰辛劳动中不至于过于枯燥，也使得男人更长久稳定地留在自己身边。

性是秘密

但是因为我们人类没有固定的排卵期，也没有固定的发情期，所以我们可以分分钟"旱地变汪洋，牙签变棍棒"！为了使人类不至于永久地处于情欲亢奋状态，我们演化出了一套与众不同的行为模式：在公共场合把成年人的外生殖器掩饰起来，把性交作为一种私密的事对待，在进行性生活的时候避开别人耳目。

所以，达尔文在航行到比格尔湾时看到火地岛的土著们从来没有穿过衣服，即便是在寒风刺骨的冬季，他们也能坚持住，但这里的妇女仍然没有忘记在坐下时要把双腿交叉起来。好莱坞和夏威夷供游客欣赏的少女草裙看起来很容易煽起人们的性欲，但这种草裙的真正目的本来是为了遮羞的。我们可能永远不能确定人类发明的衣服最初是做什么用的，是为了保护身体、调节体温，还是为了遮掩性器官，但可以肯定的是，衣服和其他身体装饰物可以激发人的性欲，同时又不让它过于泛滥。

如果在一个人山人海的社会里，随便就看到对方的生殖器，随便就可以被激发情欲，那生活也是非常“艰辛”的！同样，如果性伙伴关系被所有人可见，也就没有“偷情”这一说了……场面一时混乱起来！

一旦人类懂得把性器官掩盖起来，自然而然地人类也就学会了把性行为“藏”起来。性生活发生时，很少有两人以上同时在场的情况（当然，“拍片”等情况例外）。在世界各地，年轻人在做爱的时候总是非常小心谨慎地避开他们的父母，一旦被撞见，就会很难堪。所以网上才有了那么多诸如此类的帖子：“求助，和男友爱爱的时候被家里人撞见了，现在想死的心都有了，求安慰，呜呜呜……”而父母总是要等孩子入睡以后，或者是他们认为孩子已经入睡后才开始做爱，这样就不会被“撞破”了。

如果让另一个物种对人类的做法做出评价，它们一定会说：“人类是真好色，假神圣，虚伪至极呀！”

最后，再回到隐秘的排卵期问题。可能有人早就想说：“作者，你不知道有样东西叫‘排卵试纸’吗？有了它，女人的排卵期还会是秘密吗？”我想说，首先，无论是科学计算法，还是排卵试纸，都是近代科学发展出现的产物，它们跟人类漫长的进化过程比起来，就好像牛魔王头上的一只虱子，多少会对进化产生影响，但影响有多大，那就很难说了。其次，排卵试纸也不能确保你百分百“中奖”，充其量只是概率大一些而已。

好吧，就算有一天人类真的发明出了一种神器，能让女人的排卵期“大白于天下”，你以为女人就没有办法了吗？难道她们就没想过这个问题？No！“孩他妈”可不光这点儿能耐，这不，还有上面说的另外一个大招嘛：结婚！

Part 3 >>>

“我为什么跟你结婚？”——人类的婚姻和择偶

以前看到这句话——“婚姻是一个男人对女人最大的爱”，觉得没那么夸张，就是说说而已，现在来看，这果然是“真爱”呀！

想想看，其他动物在求偶的时候，雄性也会刻意讨雌性欢心。比如雄猩猩为了讨雌猩猩欢心，会花费时间把皮毛梳理得干干净净，然后在雌猩猩的排卵期和它“密切”幽会。但是，雄猩猩绝不会离开同伴和这只雌猩猩单独生活，且维持多年，甚至是一生的关系！

在上面我们也知道，男人和其他雄性动物一样，都是希望播下“种子”后可以撒丫子就跑的主儿。而婚姻却使他们被桎梏在原地，还要负责培育和照看“庄稼”。这不是真爱是什么——“自由都给了你，这么‘泯灭人性’的事我都做了！”

当然，爱不爱仅是一种说辞，最重要的是，你不想结婚也不行啊——别忘了这是女人为了繁衍后代使出的一个大招！婚姻实际上就相当于女人对男人的“利诱威逼”：

“利诱”

女：“哥哥，一直跟我在一起好不好？”

男：“怎么可能呢，哥是风一样的男子！”

女：“哥哥，一直跟我在一起‘困觉’好不好？”

男：“这个嘛……嘻嘻……”

当女人可以用一种稳定又“免费”的方式为男人提供性享受的时候，男人在自由和可能“饥一顿，饱一顿”，甚至危险的性体验两者间，会更多地考虑后者，由下半身的决策占据了上风——“那就一直在一起吧，妹妹！”

“威逼”

女：“哥哥，一直跟我在一起好不好？”

男：“怎么可能呢，哥是风一样的男子！”

女：“妈蛋的！不留在老娘身边，鬼才给你生娃！”

男：“这……让我想想……”

女：“想个屁，留下还不够，还要帮我养娃，知道不？”

男：“这……”

女：“不养就饿死你的娃！”

男：“妹妹，都听你的！哥哥在这儿呢！”

与其不停播种，但没有一个幸存，倒不如踏踏实实将一个养大——这是很多男性会权衡的问题。通常他们都会选择后者，因为这才真正达到了延续香火的目的。

当然，上面这两种手段在一种情况下是不好使的，那就是——“哥有钱！”

哥有钱，所以哥不在乎你跟不跟我“困觉”，也不担心你饿死哥的娃。因为这些事，你不做也会有别人争着抢着来做！

那么同样的，当女人有了充足的物质，她们也可能不那么需要婚姻，至少不会再被传统的婚姻框架束缚，可以更自由地按照自己的意愿生活——"家务的不做，娃的不想生就不生！"

也就是说，男女双方，无论哪一方有了充足的物质，所面临的传统局面都将有可能被改写！这里提到的"有钱"，是指物质极端充沛的情况，大多数人并不在这个讨论范围内。

说到婚姻，就不得不说说跟谁结婚的问题。

坊间曾流传过杨受成的一句话，说："没有一个男人不是贪财好色的，没有一个女人不是爱慕虚荣的！"这句话要看你怎么理解了，理解得好，它简直就是当今社会男女择偶观的真实体现！下面就来看看：

"嫁汉嫁汉，穿衣吃饭"——女人的要求

还是像前面提到过的，女人在人类的繁衍上"投资"更大，她们提供的不仅仅是一个卵细胞，还有在身体内发生的受精和孕育。而性交只是一个动作，只需要男人很小的投资，却会给女人带来长达九个月的孕期，这才是一项不可推卸的、不可转移的、耗能巨大的投资，女人因此错过了其他的择偶机会。随后，女性还要负担起特有的哺乳重担，整个投资可能要持续三到四年。所以关键问题就来了，把一个男人"套牢"在身边是必要的，更重要的是，这是一个怎样的男人。

女人祖先如果在选择配偶的时候不加区分，她们就将付出严酷的代价——繁殖成功率会降低（胎死腹中），能够存活到性成熟年龄的后代数量也会减少（大多都半路夭折）。所以在这一代代的"吃一堑，长一智"中，就有一套成熟有效的择偶标准传了下来。可能时代不同，具体的方式

不同，但总的来说，中心思想是万变不离其宗的，那就是："嫁汉嫁汉，穿衣吃饭！"也正像杨受成所说的："没有一个女人不是爱慕虚荣的！"

首先，你得有钱！

不仅是人类，包括其他动物，能提供资源（食物、钱等）的雄性，才是雌性的最爱！

伯劳鸟就是一个例子。伯劳鸟是一种生活在以色列内盖夫沙漠中的鸟类。在繁殖季节开始之前，雄性伯劳鸟就会着手收集可食用的猎物，比如蜗牛，以及其他有用的东西，比如羽毛、布片，数量从90件到120件不等。它们把这些东西插在各自领地的荆棘和其他尖锐的突出物上，雌鸟查看附近的雄性，然后选择拥有最多收藏品的雄鸟做配偶。当人为移走一些雄性的收藏品，加到另一些雄性的贮藏品之中时（好坏呀），雌鸟便转向了拥有更多收藏品的雄鸟。雌鸟全然拒绝没有任何资源的雄鸟，使它们沦为单身汉！

很多男人抱怨"丈母娘提高房价"，"女人没有房子不结婚"！这点上，男人们应该跟雄性伯劳鸟学学，看看人家是怎么勤勤恳恳，毫无怨言地为雌性准备自己的小窝的。女人结婚需要房子，这是她们天性使然，连鸟都知道！而且，男人们应该庆幸，因为很多女人在明知你没有房子的情况下，仍对你不离不弃，没有像雌性伯劳鸟对雄性伯劳鸟那样"鸟都不鸟你"！

还有男人吐槽，女人是真"现实"呀，有钱时爱我，没钱时就离开我！有这种想法的人，我只能说："哥们儿，别文艺男青年了好吗？一个女人找到一个更有能力的男人帮助她更好地完成生养，这是大自然赋予人类的天性！"有人会说，没有钱不是照样能生娃吗？但是这个孩子因为营养和疾病等问题夭折的概率就大，长大后方方面面的资源都跟不上，又面临择偶困境，总体陷入死循环。现在人口多，不怕有这点儿"淘汰率"，假设全世界只剩两个男人，一个有资源，一个没资源，女人会选择哪一个呢？女人不“寡情”的话，搞不好就人类灭亡了好嘛！所以，不要再用“有情饮水饱”这样的论断来耽误人类的繁衍大计了！

其次，你得有权！

我们祖先的社会是“狩猎——采集”社会。在这种社会中，男性祖先已经明确定义了地位等级，与之相伴的是资源畅通无阻地流向顶层，同时微少而缓慢地流向底层。每个传统部落都有所谓的“头人”或“大人物”，他们掌握着强大的权力，享受着威望带来的资源特权，所谓“有钱的人会更有钱，而贫穷的人将会更贫穷”。

女人会青睐在社会上占据着较高地位的男人，因为伴随着更高地位而来的，是更好的食物、更多的领土和更优质的生活环境。较高的社会地位能够使孩子享有那些较低等级男性的孩子享受不到的社会机会。

那么现今社会怎样看出一个男人的地位高低呢？这就涉及他们的职业。职业越好，当然社会地位就越高。在美国，女性喜欢嫁给医生、律师、教授等职业的男性，因为这些职业的男性能够让她们轻而易举地过上至少中产阶级的生活——“有房，有车，有狗，住在半山腰”。而在中国，女性更喜欢找政府官员、企业高管、私人老板等职业的男性，为的也是可以衣食无忧——“男人负责挣钱养家，女人负责貌美如花”。

同时，女人也在尽量避开那些社会地位低，轻易受其他男性支配的男人。比如，一位男性两性心理学家就无意中听到餐馆里四个女人的谈话，她们都在抱怨周围没有合适的男性。但是，这些女人正被男服务生包围着，没有一个男服务生是戴着结婚戒指的。服务生的职业地位不高，显然不在这些女性考虑的范围之内，所以她们的意思不是没有合适的男性，而是没有合适的有社会地位的男性！“不合适”这个词，有时不过是女人一种委婉的拒绝罢了。

最后，你得靠谱！

“靠谱”这一项就包含了男人的许多特质，比如人品、性格、情绪、健康等。那么女人为什么要看重男人的靠谱呢？很简单：“你能给我一时的资源，但能给我一世吗？”一个靠谱的男人会持续稳定地向另一半提供补给，相反，不靠谱的人非但不能提供稳定的资源，还可能会使配偶付出沉重的代价！

举个例子，在古时候，如果一位不可靠的配偶在狩猎的最后一分钟决定打个小盹儿，而不是继续追踪猎物，那么快到手的食物就会失去，而这一项本应获得的资源没有得到，会给接下来的营养和生存造成障碍！

而现今社会中不靠谱的男人就太多了，举不胜举。打个比方，最常见的就是“三不”男人——“不主动，不承诺，不负责！”在下面这个真实的故事中，女人对“靠谱”有多看重就显而易见了：

老马和姗姗交往已经两年了，并且同居了6个月。老马是一位条件很优越的企业高管，42岁，姗姗是一位护士，28岁。姗姗催促老马同她结婚——既然他们彼此相爱，而且她也希望尽快怀孕生子。但是老马退缩了，他以前结过婚，如果再结一次婚，他希望能够完全确定这次结婚会有好的结果。由于姗姗不断向他施压，催促他结婚，老马提出要签一份婚前协议。姗姗表示反对，她认为这么做是违背婚姻精神的：“难道你还防着我不成？”

最终，他们决定以4个月为期限，期限过后，老马必须做出决定。期限到了，老马仍然难以决定，于是姗姗离开了他，搬了出去，开始与另一个男人约会。老马一下子就慌了，他给姗姗打电话，乞求她回心转意，说他已经改变主意，愿意与她结婚。他还承诺会送她一辆新车，并且不需要再签婚前协议。但是已经太迟了，老马之前没能给出承诺，表现出不愿意负责，这对姗姗来说是一个强大的负面信号，是对两人关系的致命一击。姗姗永远地离他而去，“姐还不跟你玩了呢！”

在靠谱方面，我们再来举几个例子，比如：强壮和健康。

说到强壮，女性选择配偶的时候看重身体特征，这在动物世界是很普遍的。有一种叫作斗蛙的动物，雄性负责建筑巢穴和保卫蛙卵。在大多数求爱过程中，雌性会故意猛撞静止不动的雄性，来考验它是否强壮，能否成功保卫产下的卵。雌性会使出很大的劲来撞击雄性，有时会把雄性撞开，甚至把雄性吓跑。如果雄性禁不起撞，移动得太多，或者逃离巢穴，雌性会马上离开，去考察其他雄性。所以大多雄性为了求爱成功，会尽自己所能地忍受撞击：“来吧妹妹，撞死哥哥吧！撞死我也不会离开半步的！”而大多数雌蛙会选择跟受到撞击后岿然不动或者移动得最少的雄蛙配对：“真是一个精壮的汉子！”

而在人类中，女人对男人体型的在意就更加明显了。举个例子，几乎在所有的征婚广告中，个头矮小的男人要么对他们的身高避而不谈，要么就是啰啰唆唆、战战兢兢地告诉对方：“我有一个其实也不是那么严重的缺点，就是……就是矮了一点点……”当对方问他到底有多高，他仍然会为这个实际存在的缺点做辩解：“也不是很矮，肯定有……有1米7了！”实际上他的真实身高可能不会超过1米65。他闪烁其词，隐瞒真相，怕的就是对方听闻后甩手而去。

对男人来说，个头矮小确实是个缺陷，但是，这点儿缺陷跟其他因素比起来其实也不是那么重要，比如“哥有钱”，或者品行好，毕竟女人最需要的是资源的稳定供给。而在现今社会，男人在绝大数情况下拼的是脑力，而不是体力。

再来说说健康。我们赋予了健康无以伦比的重要性——“身体是革命的本钱。”这不是我们人类这个物种特有的现象，在动物界也是如此。

拿孔雀来举例。雄孔雀有耀眼、绚丽、值得炫耀的羽毛，每当它们展翅开屏，就好像在说："看看我，我身体倍儿棒！虽然长着这些又大又累赘的羽毛，但我仍然能活下来！"

的确，孔雀的尾羽是一个谜，它看上去与生存的功能性如此相悖，比如遇到敌人跑都不好跑。然而这个谜最终要解开了，有生物学家研究表明，雄孔雀光彩夺目的尾羽实际上是在提供一种"信号"，证明它们身上没有很多寄生物！因为如果携带超过平均数量的寄生物，雄孔雀的羽毛颜色就会比较暗淡。羽毛虽然是负担，但它提供了健康和强壮的线索，有了它，雌孔雀才知道哪只雄孔雀是自己的"如意郎君"。

同样的，在人类中，无论男女都会对男性的肌肉留下深刻的印象。尽管专业健美运动员过分发达的肌肉令许多人震惊，觉得夸张得难以接受，但许多女性认为一个肌肉匀称的男人较之骨瘦如柴的男人更有吸引力。男人也将其他男人的肌肉发达程度视作一种信号，考虑是干脆干一架还是迅速逃跑。

尤其是在依靠人体力量而不是机械力的传统社会，肌肉就像鹿角一样，是雄性体质的标志。一方面，发达的肌肉使男性能够聚敛资源（如食物），建造资源（如房屋），还能打败竞争者，保卫家园。另一方面，只有各方面都优秀的男人才能获得足够的蛋白质，来产生和维持强壮的肌肉。这跟我们现今社会是一样的。比如在美国，只有"富人"才保持着健美的身材。因为肌肉的产生需要几个必要条件：锻炼，饮食，休息。只有有钱有闲的人才能保证长期的规律性训练，其中还包括要花费高昂的费用聘请私人教练等。肌肉的生长需要健康的食物供给，比如瘦鲜肉、新鲜蔬菜等。而新鲜食材的价格通常要比披萨、方便面、汉堡之类的便捷速食贵得多。不用为讨生活奔波劳碌的人才更容易保证高质量的睡眠。所有这些都说明肌肉"来之不易"，可算得上是中产阶级的标志之一。

现在我们总结一下女人选择配偶的要求是：

有钱！

有权！

靠谱！

有人会说："作者，难道跟一个人在一起不是因为爱这个人吗？你怎么不提'爱情'这个选项呢？"要我说，又"文艺青年"了不是？世上没有无缘无故的爱，也没有无缘无故的恨！萍水相逢，我凭什么就爱上你，给我个爱你的理由先！如果你非要将这个"理由"刨根问底，你会发现，答案又回到了上面的几个条件：有钱，有权，靠谱！

按照某位权威专家的话来说，就是："雌性动物在性关系方面表现出的友好与亲近，通常不是由性的欲望或喜爱之情激发，而更多地是为需要蛋白质那样的营养品等实用主义需求的满足而激起！"说白了，这句话的意思就是："老娘凭啥稀罕你，选择跟你在一起？光是长得帅什么的可没有用，再帅脸能当卡刷吗？老娘要的是你真金白银的供给！有了这个实力，姐才会考虑到底是'走心'还是'走肾'！"

看到这儿，有人又会说："作者，你胡说！我明明看到有些男人什么都没有，可女人还是死心塌地跟他在一起，你怎么解释？"要我说，这姑娘的初衷肯定还是奔着前面这三大条去的，谁知后来才发现自己遇上"感情骗子"了，那就没办法了。

"看脸"的世界——男人的要求

相对于女人的三大条，男人的世界简单得多了：给我一个年轻的美女，谢谢。这也正印证了"没有一个男人不是贪财好色"中的"好色"。

在进一步解释男性的择偶标准前，我们要着重说一下上文出现的一个名词——“信号”。男人怎么选择女人，选择什么样的女人，靠的就是她们身上发出的“信号”。同理，女人也是如此。

那么“信号”到底是个什么东西？我们先来看一个例子：

有一对夫妇，米先生和米太太，在他们的婚姻生活中曾走过了一段艰难岁月：在双方各自有了一连串婚外风流韵事后，他们分居了。最近，他们又走到了一起，部分原因是考虑到分居对孩子太残酷了。现在米先生和米太太正试图修复他们一度受损的关系，双方都承诺彼此忠贞，但是猜疑和苦涩的阴影仍然笼罩着他们。

就在这种情感状态下，米先生有一次出差在外，要离开本市几天，一天早上，米先生打了个电话回家。接电话的是一个嗓音低沉的男人。米先生的喉咙立刻哽住了，与此同时，他的脑子里拼命寻找一个解释：是我拨错号码了吗？那个男人在干什么？因为不知道该说什么，米先生脱口而出：“米太太在家吗？”那个男人实事求是地回答道：“她正在楼上卧室里更衣。”

一瞬间，米先生满腔怒火，他的内心在嘶吼着：“这死娘们儿又在胡搞！她还敢让那个杂种待在我的床上！他甚至还敢来听电话！”米先生冲动得恨不得马上杀回家，干掉他妻子的情人，揪住妻子的脑袋往墙上撞。米先生用残留的最后一丝理智，结结巴巴地问：“你……你是谁？”

电话另一头的声音变了，从男中音变成了童声高音，回答道：“爸爸，你听不出是我吗？”那是米先生跟米太太14岁的儿子，正处于变声期。米先生倒吸了一口凉气，心头宽慰之余，真是哭笑不得。

仅仅是嗓音一个八度音阶的变化就胜过许多乏味的言语，使听者的想象变戏法般的从一个有威胁性的敌手转为一个不具威胁的孩子，米先生的情绪也从杀气腾腾变为脉脉父爱。米先生的故事充分显示出了“信号”的力量：

信号就是这么一种东西，它能够被迅速识别，本身也许毫无意义，却代表着一整套重大复杂的生物属性，诸如性别、年龄、敌对性或者彼此关系。小小一个信号，本身几乎不需要能量（例如，低声说几句话），却可能导致耗能极大的行为（如与对方拼个你死我活）！

关键信号一：年轻！

因为在20岁以后，女性的繁殖价值就随着年龄的增加逐步下降。到40岁时，一个女性的繁殖能力已经很低，到50岁时就接近为零了。所以，女性的繁殖能力被压缩在她们生命的一个片段中。而女性生育能力的重要性又不言自明，尤其是在古时候和旧社会：“娶你回来不就是为了生娃的吗？”即使是在现代文明社会，男人们仍从祖先那里继承了这种偏好，密切关注显示女性生育价值的暗号。这种偏好随后发展为日常的择偶决定！所以在我国才有了“剩女”——剩女被“剩”下的不仅仅是她们那日渐衰老的容颜，还有那“一去不回头”的生育能力！

关键信号二：漂亮的脸蛋！

这个世界是一个看脸的世界！你会发现人类几乎把性和社会的吸引力与漂亮的面容画上了等号！这其实是有些过分和荒唐可笑的，因为美貌同良好的基因、生育能力、觅食技巧毫无干系。那为什么人们还如此看重“脸”呢？男人为什么还对美女趋之若鹜呢？

因为，脸是一个人身体中对于年龄、疾病、伤害的后果最为敏感的部分。比如，年纪大了，褶子全出现在脸上；生病后最先表现出的就是脸色不好；而“打人不打脸”，说明最容易体现伤痕的部位也是脸。

在传统社会中，脸上的疤痕累累或者面容扭曲，等于是向大家公开自己容易因感染而变丑，没有能力照顾自己，被寄生虫折磨。因此漂亮的脸蛋就成了健康的的真实信号，这也是人们如此热衷于整形手术的原因之一。

关键信号三：身体脂肪！

“楚王好细腰，宫中多饿死”，男人的审美决定了女人的身材走向。但是更多时候，女人是按照自己认为的男人的审美来要求身材的，比如：男人都喜欢瘦女人！

实际情况是这样的吗？

哺乳和照看孩子会消耗母亲大量的精力，如果做母亲的营养不良，很可能难以给孩子喂奶。在过去，没有什么“婴儿配方奶粉”，奶牛和奶羊之类的有蹄类动物尚未驯化，母亲若不能哺乳，对孩子会是致命的打击！因此女性的身体脂肪对于男性而言是一个重要的信号，表明她有能力喂养孩子。这种想法被一代代传了下来，时至今日，对男人来说，太瘦的女人绝不是最好的选择！当然，太胖的也不是。脂肪太少预示着哺乳的失败，太多又很可能会导致行走困难、采集食物本领低下等。

那男人到底喜欢什么身材的女人呢？尽管男人对胖瘦的偏好各有不同，但有一点是基本不变的！那就是对于特定的“腰臀比例”的偏好。腰臀比是女性吸引力的一个强有力的信号。无论脂肪总量如何，男性都认为拥有低腰臀比的女性最具吸引力：腰臀比是0.7的女性被认为比腰臀比0.8的女性更具吸引力，而0.8的女性则被认为比0.9的女性更吸引人。腰臀比越低，说明女性性发育越成熟，孕育能力越强！

男人之所以对腰臀比如此偏好，可能还有一个原因：怀孕会极大地改变腰臀比。反过来，较低的腰臀比说明这个女人目前没有怀孕！这对男人防止自己“喜当爹”和确保子嗣的“血统纯正”是有很大帮助的！因为我们都知道，男人可是抛弃了“宝贵的自由”与一个女人结婚，辛苦奋斗助其养娃的，到头来却发现不是自己的，想必是自杀的心都有了！

说完了“好色”，我们再来看看“没有一个男人不是贪财好色”中的“贪财”！

实际上，在几乎所有的社会里，男人都会为争夺权力、财富和地位而彼此争斗。这种争斗如此普遍与“励志”，以至于很多人把它当成人生的首要目标，却很少有人想到这与性有什么关系。但是从心理学和生物学的观点来看，男人对于影响力、物质财富和声望的追求，都不过是男人占有女人的表现！

为什么这么说？举个例子：

即便是在生活物资匮乏的古时候（狩猎—采集时代），也总是那些成功的猎人和大人物拥有更多伴侣，生养更多的孩子。女性知道哪些男人带回家的肉食多，就愿意和他们亲近。因而，那些能干的猎手可能有15个孩子，而另外一些男人因为对集体生活贡献微薄，很少能得到女人，生养孩子的机会也就少得可怜。

有人曾经对“雅诺马马人”的生活做过研究：这个好战的民族对武士非常尊崇，那些曾经杀死过外族敌人的武士，比那些没有武士荣誉称谓的人的孩子要多三倍多。拿其中一名武士举例：他共有14个子女、143个孙子女和335个重孙子女！

所以，很多时候，与其说男人争名逐利是为了实现自我价值，不如说是为了一直在心中呐喊的一个声音：“冲啊，为了多生孩子，前进！”

Part 4

>>>

没有性欲，就没有“杀戮”——性带来的冲突与死亡

性的冲突

前文提到了，无论是夫妻制度还是结婚与否，都由女人说了算！看样子，女人真的是风光无二，堪称社会霸主！然而实际上确实如此吗？

我们都知道，男人和女人在性方面是“二态”的——男性比女性平均多出15%~20%的体重，在体格上也比女性健壮得多，双方一旦真动起手来，除极少数情况，吃亏的总是女人。

而在古时候（狩猎—采集社会），几乎没有什么剩余产品，人们也没有土地所有权的概念，男女关系是平等的，他们在恶劣的环境中相依为命。如果有男人对女人施加暴力，女人可以逃到别的地方去，因为她可以不单单依靠自己的配偶来获取生活所需的资源：“打我？哼，不跟你玩了。”

比如在中部非洲的姆布蒂人，就是以狩猎—采集方式生活的部落。他们几乎没有任何基于性别的劳动分工，领导人的权限很小，部落事务都是大家共同决定，无论是女人采集来的果实，还是男人狩猎得来的动物，都

由女人煮熟了，像公共食堂一样平均分配给每一个部落成员。父亲的身份虽然拥有某种权威，但两性之间并没有明显的不平等。

等到了以农业为基础的社会，土地和财产是主要的财富，两性之间的不平等就开始加剧。男人扶着犁把耕种土地，从土地收获中积累起来的财富要传给他们的后代，这些男人常常对女人有着绝对的控制权。当这种控制权达到顶点的时候，女人就被视为男人的一项动产！（连不动产都不是！）富有的男人像养宠物一样，把妻子“圈养”起来，不让她接触社会生活的其他领域。比如在阿富汗地区，妇女出门要一袭黑袍包裹，只露出一双眼睛。在印度某些地区，上层阶级把妻子锁在只有小窗户的房间里，而这个小天地是她们观察和了解外面世界的唯一通道。男人用这种方法保证父系血统的繁衍。

等到了我们现在的以工业为基础的文明社会。这种男女地位的不平等依旧赫然存在，且根深蒂固。打个比方，有传闻，男足出征的时候，乘坐的巴士上不能有女人，因为女人这个时候出现会带来晦气。同样的，出海的船上也不能有女人，因为有了女人那可是船都要沉了！

如果说这只是传言，并无确凿证据，那在其他方面，男女的不平等可是清清楚楚地体现在生活的方方面面，比如说：出轨！男人与女人私通，与女人给男人戴绿帽子，两者并不是对等的，前者更容易被原谅：“男人哪有不花的，等他玩够了自然就回来了。”而后者则常被看作大逆不道：“荡妇！不要脸！死了算了！”在肯尼亚，男人通奸是可以接受的，甚至可以说是被鼓励的；而当哪家的媳妇与人私通，最后只能被逐出家门，自生自灭。

究其男女不平等关系的深层原因，在心理学上有这样一种独特的解释：男性为什么会有这样的“优越感”呢？根本原因是他们的“自卑感”！

男性无法怀胎和哺育孩子，才使得许多男人心里觉得不踏实。这种“无能感”使他们深受其苦，至少在潜意识中是的。这种痛苦可以称作是“子宫嫉妒”和“乳房嫉妒”。因此，在声称女人“头发长，见识短”，她们天生就有缺陷的同时，许多男人实际上怀有这么一种恐惧：在某些方面，女人天生是比男人强的！

为了补偿男人不能做的事，他们就告诉女人说：“别看我们不能做这个，你们也不能做那个！”怀孕，生子，养育，向来总是构成“无男人地带”。为了应对这种局面，在历史上，在各种文化中，男人们也建立起了各种各样的“无女人地带”：战争、政治、神职、商业、男人俱乐部等。在不同的文化中，女人都在不同程度上从这些活动中被排挤了出去。其排挤的根本动机，通过男人的口中就看得出来：“你们女人不能××，就像我们男人不能生孩子一样！”

性的死亡

在澳大利亚，有种袋目科的小动物，叫鼩鼱，每当春天到来之时枯瘦，雄鼩鼱体内的睾丸激素激增，它们开始变得好斗，并各自在森林里标出自己的边界。这时，雌鼩鼱也进入发情期，在大约两周的发情期内，所有的交配便全部完成！这时再看雄鼩鼱，已消耗得骨瘦如柴，连头顶都秃了，身上也留下许多伤痕。

它们体内分泌的越来越多的睾丸素，虽然能促进精巢的发达和增强肌肉，让它们的攻击性变强，但同时它也压制了体内免疫系统功能的发挥，因此难免会因为感染疾病或者患上寄生虫病而死亡，就像人难免死于艾滋病一样。所以，每个雄鼩鼱的生命历程中都难逃这一劫，它们往往在交配一个月后还没来得及等候新生命的出生就死去了。这样一来，这个物种的生存和延续完全靠的就是那些尚未出世的雄鼩鼱胎儿。一年之后，雌鼩鼱生育自己的下一代，并开始新一轮的周期性循环。但是如果将雄鼩鼱在发情之前阉割，它们就会像雌鼩鼱那样多活一二年。

这个例子很恰当地证明了睾丸激素的毒害：没有性欲，就没有死亡！

同样的情况也存在于家猫身上。公猫中被阉割的比没被阉割的要活得时间长，而一出生就被阉割的公羊要比未被阉割的公羊多活好几年。这实际上是在向人们传达这样一种残酷而简单的事实，那就是：一旦雄性动物完成了生育下一代的任务，它们就成了多余的了！

尤其是食物缺乏的时候，已经完成生育任务的雄性还要与雌性以及下一代争夺食物，就显得太不应该了！所以说，雄性体内的睾丸素增多会引发早亡，这种大自然的设计是多么合情合理：“识相的就不要再活了哈！”

在我们非常熟悉的伊甸园神话故事中，也有说道：亚当和夏娃吃了智慧树上的果实，变成了有性意识的人，被逐出天堂：“你本是尘土，仍要归于尘土！”所以，没有性，就没有死亡，放在我们人类身上照样好使！

由于工作压力、生活习惯等因素，现代社会的职业男性很容易患溃疡和冠心病，这种情况跟鼩鼱是一样的。在我国，每年有几十万名年龄在50—70岁的男性死于心脏病，但是，同龄女性中因同一病因死亡的只有男性的三分之一！

难道人类也可以通过阉割来增加男性的寿命？当然，太监就做到了！有研究表明，被阉割的男人通常比没被阉割的男人寿命要长14—19年，这可不是一个小数字，一天少抽一包烟，或者干脆戒烟的人也不过多活四五年而已。有研究表明，在1550年至1861年的朝鲜，81位阉割者中有三位年龄甚至超过100岁。这百岁老人的比例比今天的发达国家还要高出很多，是日本和美国的130倍！

话说回来，过度的性欲会耗尽人的精力，男人对繁殖的“热情澎湃的追求”导致他们很难活得过女人。那么，为什么相对“清心寡欲”的女性也会死亡呢？为什么她们不一茬接一茬地永生下去？那是因为所有有性生殖动物的生命都是有限的。只有细菌和原生动物，由于能够自我分裂成许多单个细胞，只要环境适宜，它们就能大量复制，其基因就可以永久地存活下去，达到“永生”！

然而有性生殖却是染色体毫无规则地随意排列组合，所以生出来的每一个婴儿都是一个独立的个体，都不一样，因而他们必定是寿命有限的。他们要想达到“永生”，只能是接力棒似的，一个接一个，不停地生下去，每个个体最终都会死亡，但能确保一部分基因得到“永生”！如此看来，古人说的“人生得意须尽欢”和“及时行乐”绝对是有道理的，人不应当妄想着像神话里那样以牺牲灵魂为代价（把灵魂献给魔鬼）来换取永生，而是应该趁着大好年华痛快地享受性欲的满足才是!

本篇到这里就要结束了。性对我们来说是如此神秘而强大，它既可以引导人们升入天堂，也可以诱惑人们堕入地狱；它既能让人沉醉入迷，也能让人困惑不解；它是爱情的巅峰，也是希望的杀手……

放眼四周，人们终日疲于奔命，历经多少悲欢离合、喜怒哀乐，何尝不皆是缘起一个“性”字！真可谓是：天下熙熙，皆为“性”来；天下攘攘，皆为“性”往!